新型农民科技人才培训教材

现代养羊

实用技术

欧广志　主编

中国农业科学技术出版社

图书在版编目(CIP)数据

现代养羊实用技术／欧广志主编．—北京：中国农业科学技术出版社，2012.3

ISBN 978－7－5116－0807－9

Ⅰ．①现…　Ⅱ．①欧…　Ⅲ．①羊－饲养管理　Ⅳ．①S826

中国版本图书馆 CIP 数据核字（2012）第 020529 号

责任编辑	朱　绯
责任校对	贾晓红　范　潇

出 版 者	中国农业科学技术出版社
	北京市中关村南大街 12 号　邮编：100081
电　　话	(010)82106626(编辑室)　　(010)82109704(发行部)
	(010)82109709(读者服务部)
传　　真	(010)82109707
网　　址	http://www.castp.cn
经 销 者	各地新华书店
印 刷 者	北京富泰印刷有限责任公司
开　　本	850 mm×1 168 mm
印　　张	4
字　　数	111 千字
版　　次	2012 年 3 月第 1 版　2013 年 1 月第 3 次印刷
定　　价	12.00 元

前　言

　　进入 21 世纪以来，面临人口增加、耕地减少等严峻问题，为了满足日益增长的社会需求，我们必须通过调整农业结构，优化农业布局，发展高产、优质、高效、生态、安全的农业，才能在较少的耕地上生产出尽可能多、尽可能好的农产品。因此，我们必须采取多种形式普及农业科学技术，提高农业劳动者素质，发展农业科技生产力。

　　这套丛书以广大农村基层群众为主要对象，以普及当前农业生产最新适用技术为目的，浅显易懂，价格低廉，真正是一套农民读得懂、买得起、用得上的"三农"力作。

　　编写丛书的专家、教授们，想农民之所想，急农民之所急，关心农民生活，关注农业科技，精心构思，倾情写作，使这套丛书具有三个鲜明的特点：实用性——以"十一五"规划提出的奋斗目标为纲，介绍实用的种植、养殖关键技术；先进性——尽可能反映国内外种植、养殖方面的先进技术和科研成果；基础性——在介绍实用技术的同时，根据农村读者的实际情况和每本书的技术需要，适当介绍了有关种植、养殖的基础理论知识，让广大农民朋友既知道该怎么做，又懂得为什么要这样做。

　　本书《现代养羊实用技术》，不仅集国内外大量有关羊养殖方面的资料和最新研究成果，并力求结合国内的生产实际，语言通俗易懂，内容先进实用，适合农村羊养殖户和羊养殖企业管理人员和技术人员阅读参考。

编　者

目 录

第一章　养羊业现状和发展前景

一、发展羊业生产对国民经济的意义

1. 提供工业生产所用原料

羊毛、毛皮、板皮等产品为重要的轻工业原料,如板皮是制革工业的原料,可制成多种衣料;羊肉、羊奶为食品工业的原料;它们关系着纺织、食品、医药、制革等工业的发展。

2. 调整膳食结构

人民生活水平的提高及消费观念的改变,使得羊产品有了更大的市场。据《中国统计年鉴》,2008 年全国人均肉类消费总量为 23.96 千克,其中猪肉 15.67 千克、占 65.4%,牛羊肉 2.27 千克、占 9.5%,禽肉 6.02 千克、占 25.1%。肉食结构将由目前的猪肉占 60%~65%,调整到猪肉:(牛、羊、兔肉):禽肉为 1:1:1 的合理比例。羊肉的脂肪少,富含蛋白质,胆固醇含量低,风味独特,易于消化,为婴幼儿、老年人的理想肉食品。近年来,城镇居民喜吃羊肉的日益增多,市场供不应求。

3. 秸秆过腹还田,为农业生产提供大量优质粪肥

羊粪尿中的有机质、氮、磷、钾分别为 31.4%、0.65%、0.47%、0.23%,为优质的有机粪肥。羊粪尿经发酵后形成的腐殖质对土壤有多种效力,可调节土壤水、肥、热,适时满足作物生长发育的需要。

4. 节约粮食,降低成本

羊是草食家畜,不像猪、鸡、鸭、狗等畜禽以粮食为主,羊的草食能力和发达的瘤胃能将大量的牧草和秸秆转化为人们所需要的羊肉、羊毛、羊皮等。发展养羊能充分利用农作物秸秆,优化畜牧业产业结构,降低饲养成本,改善秸秆燃烧所造成的环境污染。

二、我国目前养羊业的特点及发展前景

1. **特点**

综观我国目前的养羊业,表现为以下几个特点:

(1)存栏数有起伏,总趋势不断增长。

(2)由单纯的毛用向肉用、肉奶兼用方向发展。

(3)山羊增长快于绵羊。

(4)羊肉价格牵动肉羊的发展。如今国内羊肉需求增加,羊肉价格上涨,如1千克羊肉可达50~70元。

(5)由粗放经营转向集约化、规模化生产。

2. **发展前景**

目前羊产品在国际市场上供不应求。据专家预测,羊产品在国际贸易中的份额将会不断增长,特别是中东和北非国家进口量将大幅上升,国际国内市场前景广阔,这是发展羊产业的巨大推动力。我国养羊历史悠久,早在夏商时代就有养羊文字记载。1 000多年前,我国劳动人民就开始养羊,后逐步形成规模,至今在广大农牧区广泛饲养,取得了良好的经济效益。中国幅员辽阔,拥有草地资源60亿亩,占国土面积的40%,为农田的3倍,林地的3倍多,加之农业可利用的秸秆十分丰富,为中国发展养羊生产提供了良好的资源条件。转变观念,充分开发利用非常规饲料资源及作物秸秆资源,大力发展以羊业为主导的节粮型畜牧业,广大农区有着独到的优势。养羊投资少,饲养强度小,便于生产。羊的繁殖较快,可实行"一年两产"或"两年三产",易收回成本。养羊生产有着美好的广阔前景。

三、发展我国肉羊生产的途径

根据我国养羊业现状,借鉴国外养羊的先进技术经验,发展我

国养羊生产,应采取以下措施:

（1）培育新的羊品种。

（2）充分利用地方羊品种。

（3）充分利用天然草场和农作物秸秆。

（4）加强羊业生产配套建设。主要有以下几个方面:①羊品种的培育及其基地建设。②经济杂交体系的建立和肥羔专业生产。③天然草场的合理利用与改良,饲草饲料基地的建设和农作物秸秆等副产品的开发利用。④发展饲料加工业,生产配合饲料,以满足羔羊育肥和羊补饲的需要。⑤羊生产、加工、销售体制的一体化,羊屠宰、冷藏、运输、流通体系的配套建设。⑥加强羊业生产体系及其配套技术的各项科学研究,推广科技成果。

第二章　羊的品种及品种选择

一、绵羊的优良品种

1. 小尾寒羊

小尾寒羊主要分布于河南的豫东和豫北地区及山东、河北、江苏等地。小尾寒羊体质结实,鼻梁隆起,耳大下垂,四肢较长,体躯高,前躯与后躯都较发达。脂尾短,一般都在飞节以上,呈圆扇形。尾表正中有一浅沟,尾尖向上反转,紧贴于沟中(尾形是鉴别小尾寒羊纯种的主要标志)。公羊有角,呈三棱形螺旋状。母羊有小角、姜角或角根。公羊前躯深,鬐甲高,背腰平直,前后躯发育匀称,具有良好的肉用体形。被毛白色,少数羊眼圈周围有黑色刺毛。

小尾寒羊主产区羊的体高、体长、胸围、尾长、尾宽五项指标为:公羊分别为90.9厘米、91.9厘米、107.0厘米、25.0厘米、20.5厘米;母羊为77.1厘米、77.5厘米、87.5厘米、24.6厘米、15.2厘米。羔羊出生重,公羔为6.5千克,母羔为5.5千克。4月龄公羔体重55千克,母羔40千克。周岁公羊平均体重90~110千克,母羊为50~70千克。成年公羊体重140~150千克。

小尾寒羊生长发育快,产肉性能高,据有关方面测定,其周岁屠宰率为55.60%,净肉率为45.89%。3月龄亦具有良好的屠宰率和净肉率,分别可达50.6%和39.21%。小尾寒羊性成熟较早,母羊5~6月龄即可发情,当年可产羔,产羔率可达270%,80%母羊可年产2胎。公羊7~8月龄可用于配种。该品种的一个最大特点就是可以热配,即产羔后1月内即可发情配种。

小尾寒羊具有良好的产肉性能,但其个体差异大,应加强本品种选育,减少个体差异和推广肥羔生产。

2. 大尾寒羊

大尾寒羊属肉脂兼用绵羊品种,河南省中部郏县、宝丰、社旗县有分布。该羊体质结实,头中等大,额宽,耳大下垂,鼻梁隆起,四肢粗壮,蹄质坚实,前躯发育较差,后躯稍高于前躯。

大尾寒羊是我国著名的脂尾羊,尾肥大超过飞节,成年公羊尾重 15～20 千克,母羊 4～6 千克。该羊的产肉性能良好,2 岁以上公羊体重平均为 74.43 千克,母羊为 51.48 千克,屠宰率为 51%～52%,净肉率为 42%～45%。该羊还生产著名的寒毛,其公羊平均毛长 10.4 厘米、母羊 10.2 厘米,剪毛量公羊 3.3 千克、母羊 2.7 千克,净毛率 45%～63%,其油汗为乳白色略偏少,弯曲以正常弯曲为主;该羊常年发情,产羔率为 185%～205%。

3. 夏洛来肉用绵羊

夏洛来肉用绵羊是世界著名的绵羊品种,育成于法国。1989年引入河南省后,在桐柏、泌阳等地繁育,适应良好。

夏洛来肉用绵羊体型较大,成年公羊平均体重 100～150 千克,母羊 70～90 千克。头部无毛,呈粉红色或黑色,有黑色斑点,额宽,耳朵细长,躯干长,背部宽平,肌肉发达,四肢粗壮。毛短色浅,全身被毛呈黄白色,短而密,是一种较理想的肉用型绵羊。它具有以下几方面优良性能:

(1)能适应各种气候条件,常年以牧草为食,吃料较少。

(2)产仔率平均达 185% 以上,尤其是 5 岁以上的母羊产仔率仍能保持在 190% 以上。

(3)羔羊断乳后,生长发育速度快,70 日龄时活重可达 25 千克,6 月龄公羔体重 48～53 千克,母羔 38～43 千克。屠宰率 55%以上,瘦肉多,尤其是胴体 20 千克时,无脂,质量极优。

(4)母羊易产,泌乳性能好。

(5)具有典型的体格大、后躯发达的肉用种羊特征。

4. 无角陶塞特羊

产于澳大利亚和新西兰。以雷兰羊和有角陶塞特羊为母本,考力代羊为父本,然后再用有角陶塞特公羊回交,选择所生无角后代培育而成。

公母羊均无角,颈粗短,胸宽深,背腰平直,躯体呈圆桶状,四肢粗短。后躯丰满,面部、四肢及蹄白色,被毛白色。具有早熟、生长发育快、全年发情和耐热及适应干燥气候的特点。公羊体重为90~100千克,母羊为55~65千克。剪毛量2~3千克,毛长7.5~10厘米。胴体品质和产肉性能好。产羔率130%左右。

5. 萨福克羊

产于英国英格兰东南的萨福克、诺福克、剑桥和艾塞克斯等地。是以南丘羊为父本,以当地体大、瘦肉率高的黑脸有角诺福克羊为母本杂交培育而成。它是19世纪初期培育出来的品种。它是英国、美国用作终端杂交的主要公羊。

公母羊均无角,颈粗短,胸宽深,背腰平直,后躯发育丰满。成年羊头、耳及四肢为黑色,被毛有有色纤维。四肢粗壮结实。早熟,生长发育快,产肉性能好,母羊母性好,产羔率中等。成年公羊体重100~110千克,母羊60~70千克。3个月龄羔羊胴体重达17千克,肉嫩脂少。剪毛量3~4千克,毛长7~8厘米,净毛率60%。产羔率130%~140%。我国新疆在1989年从澳大利亚引入百余只,除进行纯种繁殖外,还同当地粗毛羊杂交生产肉羔。该品种在澳大利亚同细毛羊杂交培育成的南萨福克羊,因其早熟、产肉性能好,而被美国用作肥羔生产的终端品种。

6. 豫西脂尾羊

豫西脂尾羊是河南省古老品种之一,主要分布于河南省的洛阳、南阳、许昌等地区。

豫西脂尾羊毛色以全白为主,有角者居多,耳大下斜,鼻梁隆起,颈肩结合好,肋骨较开张,腹稍大而圆,体躯长而深。背腰平直,尻宽略斜,四肢较短而健壮,蹄质结实,脂尾呈椭圆形,垂于飞节以上。

豫西脂尾羊体格较小,成年公羊体重35.48千克,母羊27.16

千克。秋末冬初膘情最好时,1 岁以上羯羊屠宰率 50.55%,净肉率平均 42%,肉质细嫩,脂肪分布均匀。年剪毛两次,平均剪毛量成年公羊 2.1 千克,成年母羊 1.4 千克。羊毛品质差,毛丛长度秋毛平均 3.5 厘米,春毛平均 3.95 厘米,无髓毛占 59.1%,粗死毛占 39.78%。母羊周岁开始配种,多为一年一胎,产羔率 107%,公羊 1.5 岁左右开始利用。

豫西脂尾羊具有耐粗饲、抗病力强、耐炎热和抓膘快的优点,特别是该品种爬坡能力强,适合山上放牧,这是小尾寒羊不可比的,但要使豫西脂尾羊更好地开发,必须引入夏洛来肉羊、河南小尾寒羊、无角陶塞特羊对其进行杂交改良。

7. 太行裘皮羊

太行裘皮羊是河南省较好的裘皮用绵羊品种,主要分布于太行山东麓沿京广铁路两侧的安阳、新乡地区。

该羊体格中等,体质结实,外形一致,尾为小脂尾,尾尖细瘦,有的垂于飞节以下。成年公羊体重 45.7 千克,母羊 32.06 千克,屠宰率 50.58%,净肉率 36.32%;母羊四季发情,产羔率 126%;该羊被毛为异质毛,其中绒毛 74%,有髓毛 1.65%,两型毛 14.3%。年剪毛公羊 1.56 千克、毛长 19 厘米,母羊 1.51 千克、毛长 18.8 厘米。

30～45 日龄羔皮为二毛皮,其毛股长 6～7 厘米,其中无髓毛占 55.82%,有髓毛占 44.18%,其穗形分麦穗花、粗毛大花、花纹及盘花四种,以麦穗花为优,毛股紧密,根部柔软光泽好。二毛皮面积为 2 307 平方厘米,皮重 0.37 千克。其羔皮轻柔,而皮板的拉力、弹性、耐磨性好。

8. 新疆细毛羊

新疆细毛羊是新中国成立后培育的第一个毛肉兼用品种,分布于全国 20 多个省区。适应于河南省平原地区饲养。

新疆细毛羊体格中等,骨壮坚实;公羊鼻稍隆起,母羊鼻平直;公羊有螺旋形角,母羊无角;公羊颈部有 2～3 个皱褶,母羊有发达的纵皱褶。胸宽深,鬐甲中等或稍高,背直而宽,体躯较长,四肢结实,肢势端正。腹毛差,四肢下部多无毛,全身被毛白色。公羊重98.56千克,母羊重53.12千克,屠宰率50%~53%,产羔率140%。羊毛主体细度21.6~25.0微米,公羊毛长10.9厘米,母羊毛长8.8厘米。油汗以白和淡黄色为主,羊毛含脂率为12.57%,净毛率40%。成年公羊剪毛量为12.2千克,母羊5.52千克。

9. 德国肉用美利奴羊

原产于德国,是世界上著名的肉毛兼用品种。德国美利奴是用法国的泊列考斯羊和由英国莱斯特羊种公羊与德国原有的美利奴母羊杂交培育而成的。

德国美利奴羊特点是体格大,成熟早,胸宽而深,背腰平直,肌肉丰满,后躯发育良好,公、母羊均无角。被毛白色,密而长,弯曲明显。成年公、母羊体重分别为110~140千克和70~80千克。德国美利奴羊产肉率较高,羔羊生长发育快,在良好饲养条件下日增重可达300~350克,130天屠宰时活重可达38~45千克,胴体重为18~22千克,屠宰率为47%~49%。德国美利奴羊被毛品质也较好,成年公、母羊剪毛量分别为7~10千克和4~5千克,公羊毛长为8~10厘米,母羊为6~8厘米,羊毛细度为60~64支,净毛率为44%~50%。德国美利奴羊具有较高的繁殖率,成熟早,10月龄就可第1次配种,产羔率140%~220%,母羊泌乳性能好,利于羔羊生长发育。

该品种在气候干燥、降水量少的地区有良好的适应能力且耐粗饲,适于舍饲、围栏放牧和群牧等不同饲养管理条件,对不同气候条件有良好的适应能力,我国曾多次引入了该羊,分别饲养在黑龙江、内蒙古、安徽等地。用德国美利奴羊与蒙古羊、西藏羊、小尾寒羊和同羊等杂交,其改良粗毛羊的效果显著,杂种后代被毛品质明显改善,同型毛被个体的比例较高,生长发育也比较快。是育成内蒙古细毛羊的父系品种之一。

10. 特克赛尔羊

该品种在荷兰育成已有百余年历史,是由林肯羊和莱斯特羊杂交育成,并先后被引入德国、法国、新西兰、美国和非洲一些国家,20世纪60年代初法国曾赠送我国1对特克赛尔羊,饲养在中国农业科学院畜牧研究所,后该所又从新西兰引入。

特克赛尔羊身体强壮,适应性强,体型中等,在以饲草为主条件下,具有较高的肉骨比和肉脂比。该品种被毛白色,头部和四肢无毛,成年公羊体重90~130千克,母羊65~90千克,成年母羊剪毛量3~4.5千克,净毛率60%~70%,毛长7.5~10厘米,毛纤维46~54支,产羔率150%左右,屠宰率55%以上,特克赛尔羊瘦肉率高,胴体出肉率高,是理想的杂交肉用父系品种。

11. 湖羊

原产于浙江、江苏太湖流域,主要分布在浙江的长兴、嘉兴、海宁、杭州和江苏的吴江、宜兴等地区,以生长发育快、成熟早、繁殖性能高、生产美丽羔皮而著称,是我国南方少见的绵羊品种。

湖羊头面狭长,鼻梁隆起,耳大下垂,公母羊均无角,眼大突出,颈细长,体躯较窄,背腰平直,十字部较鬐甲部稍高,四肢纤细,短脂尾,尾大呈扁圆形,尾尖上翘。全身白色,少数个体的眼圈及四肢有黑褐色斑点。湖羊成年公羊体重40~50千克;成年母羊为35~45千克。剪毛量成年公羊平均为2.0千克,成年母羊为1.2千克,产羔率平均为212%,湖羊的泌乳性能良好,4个月泌乳期可产乳130升左右。成年母羊的屠宰率为54%~56%。羔羊生后1~2天内宰剥的羔皮称为"小湖羔皮",羔皮毛色洁白,有丝一般的光泽,花纹呈波浪形,甚为美观。羔羊出生后60天内宰剥的皮为"袍羔皮",皮板薄而轻,毛细柔、光泽好,也是上等的裘皮原料。

12. 杜泊羊

是20世纪40年代初在南非育成的肉用羊品种。该品种是由有角道赛特与波斯里羊杂交育成。

杜泊羊被毛呈白色,头部分黑头、白头两种颜色。被毛由发毛和无髓毛组成,但毛稀、短,不用剪毛。杜泊羊身体结实,适应炎热、干旱、潮湿、寒冷多种气候条件,无论在粗放和集约放牧条件下采食性能良好,杜泊羊羔羊生长快,成熟早,瘦肉多,胴体质量好,母羊繁殖力强,发情季节长,母性好,体重大,成年公羊体重110～130千克,成年母羊75～90千克。现已引入到不少国家作为肉用羊。

二、山羊的优良品种

1. 波尔山羊

波尔山羊是在南非经过近两个世纪的本土驯化,杂交选育而成的大型肉用山羊品种。是一种具有良好体型、高生长率、高繁殖率、体躯被毛短、头部和肩部有红色斑的改良型肉用山羊品种。其经济性状如下:

(1)生产性能及肉用特征

①体格大,生长速度快:公、母羊体长分别为85～95厘米、70～85厘米,体高分别为75～100厘米、65～75厘米,羔羊出生重3～4千克。在良好的饲养管理条件下如放牧结合自由采食精料,日增重可达200克以上,公、母羊6月龄平均体重分别为37.5千克、30.7千克,经过严格选择的羔羊增重则更快。但饲养管理条件差时,其生长速度与繁殖力均明显下降。因此,各地在引种的同时,切记要引进先进的、适应波尔山羊生长的饲养管理技术,如补饲、驱虫、防暑、防潮湿等。

②屠宰率高,肉质鲜嫩:波尔山羊的屠宰率高于绵羊,且随年龄增大而增高,8～10月龄为48%,1岁、2岁及成年(齐口)时分别达50%～52%和56%～60%,皮下脂肪含量低,尤其胆固醇含量低,肉质鲜嫩多汁,色泽纯正,适口性好,特别是膻味小。此外,板皮品质属上乘皮革原料。

③杂交优势明显:用波尔山羊种公羊杂交改良当地山羊,效果明显,改良羊3月龄体重即可接近本地成年母羊体重,而且体躯变化明显,表现为背腰平直,肋骨开张,腿粗壮,主要部位肌肉丰满,

出栏时较本地羊增重 5~10 千克。

(2)繁殖性能 波尔山羊为早熟品种,母羊 6 月龄即为初情期,公羊 5.5~6 月龄即可开始用于配种。

母羊为全年多次发情动物,性活动以秋、冬季最为旺盛,发情周期平均为 21 天,妊娠期约 150 天。通过提高饲养管理条件,及时断奶(产后 6 周),以及诱情处理等措施,可以达到两年三胎,甚至每年两胎,其产羔率较高,大多数产双羔,平均窝产 1.93 只。因此,每只母羊每年可望繁殖羔羊 3 只以上。

(3)耐粗性与适应性 波尔山羊是最耐粗和适应性最强的家畜品种之一。能适应南非各种气候地带。包括内陆气候、热带和亚热带灌木丛、半荒漠和沙漠地区都表现生长良好。在干旱情况下,不供水和饲料,与其他动物相比存活时间最长。有放牧习性,可采食小树和灌木以及其他动物不吃的植物。采食范围大,可采食高至 160 厘米处的树叶和树皮、低至 10 厘米的牧草。此外,由于波尔山羊有采食灌木的习惯,可用于控制灌木的丛生和蔓延。因波尔山羊具有上述的耐粗性和适应性,故不仅适于在南非饲养,同样适于在其他国家发展。在我国,除有丰富牧草的地区可发展波尔山羊外,许多杂草、农作物秸秆都能作为波尔山羊的粗饲料,发展地域范围进一步扩大。

(4)抗病性 波尔山羊有罕见的抗病能力,例如抗蓝舌病、氢氰酸中毒症和肠毒素血症等。据了解,波尔山羊不感染蓝舌病是由于具有采食地面以上(10~160 厘米)的饲草和灌木枝叶的习性,因而较少感染内寄生虫病。又由于波尔山羊为松软短毛的皮肤类型,因而比较能抗外寄生虫的侵袭。

该品种原产于南非,已被非洲及新西兰、澳大利亚、德国、美国、加拿大、中国等引进。波尔山羊产肉性能好,4 个月的波尔山羊平均公羊屠宰体重可达 35~40 千克,母羊 30~35 千克,而地方普通山羊需要 1 年或更长时间才可达到。波尔山羊 4 个多月可产肉 15~22 千克,而地方普通山羊 1 年左右仅能产肉 14~16 千克,相比差距很大。

从现已进行的杂交改良本地羊效果看,改良羊3月龄体重接近我国成年母羊体重。6月龄、9月龄体重是我国本地山羊体重的2倍,并且杂交后代耐粗饲、适应性、抗病性和当地羊相比没有差别。

2. 南江黄羊

产于四川省南江县。是以纽宾奶山羊、成都麻羊、金堂黑山羊为父本,南江县本地山羊为母本,采用复杂育成杂交方法培育的,后又导入吐根堡奶山羊的血液。目前在我国山羊品种中是产肉性能较好的品种。大多数公母羊有角,头型较大,颈部较粗,体格高大,背腰平直,后躯丰满,体躯近似圆桶形,四肢粗壮。被毛呈黄褐色,面部多呈黑色,鼻梁两侧有一条浅黄色条纹,从头顶部至尾根沿背脊有一条宽窄不等的黑色毛带,前胸、颈、肩和四肢上端着生黑而长的粗毛。具有体格大、生长发育快、四季发情、繁殖率高、泌乳力好、抗病力强、采食性好、耐粗放、适应能力强、产肉率高及板皮品质好的特性。6月龄公羔体重16.18~21.07千克,母羔14.96~19.13千克;周岁公羊32.2~38.4千克,母羊27.78~27.95千克;成年公羊57.3~58.5千克,母羊38.25~45.1千克。产肉性能在放牧条件下,6月龄屠宰前体重21.3千克,胴体重9.6千克,屠宰率45.21%,净肉率29.63%。8月龄屠宰前体重平均23.78千克,胴体重平均11.39千克,屠宰率47.89%,净肉率35.72%。肉质好,肌肉中粗蛋白质含量为19.64%~20.56%。10月龄时体重平均可达27.53千克,以10月龄时屠宰最好。产羔率为187%~219%。

3. 马头山羊

马头山羊产于湘、鄂西部山区。主要分布于湖南省的石门县、慈利县、芷江县、新晃县及桑植县,湖北省的郧县、恩施市。

马头山羊公、母羊均无角,头形似马头,体格大,体躯呈长方形,背腰平直,肋骨开张良好,臀部宽大。有一部分羊背脊很宽,群众称为"双脊羊",成年公、母、羯羊平均体重分别为 43.8 千克、33.70 千克和 47.44 千克。马头山羊产肉性能好。在全年放牧条件下,成年羯羊屠宰率为 62.61%,净肉率为 44.45%。羔羊肥育效果很好,2 月龄断奶羯羔在放牧补饲条件下育肥 5 个月,平均体重达 23.3 千克,胴体重 10.52 千克,屠宰率为 52.34%。

板皮也是马头山羊主要产品之一。板皮平均面积为 8 190 平方厘米,厚度 0.3 毫米。每张皮板可分割 4~5 层。

马头山羊母羊 4~8 月龄时发情,公羊初配年龄为 5~10 月龄。四季均可发情配种。据统计,平均每胎产羔 1.82 只。产单羔、双羔、三羔、四羔的分别占 32.52%、55.88%、9.01% 和 2.57%。

4. 槐山羊

《中国羊品种志》又称该品种为黄淮山羊。是黄淮平原的主要山羊品种,分布于豫东南及皖西北,以河南省周口市的沈丘县、淮阳县、项城市、郸城县 4 县市为中心产区。

该羊体格中等,结构匀称,紧凑结实,体型近圆桶形。背腰平直,四肢较长,尾短上翘,蹄质结实呈蜡黄色。母羊乳房发育良好,公羊睾丸紧凑。毛色以全白为主,被毛均为短毛。成年公羊平均体重 33.9 千克,母羊 25.7 千克。

槐山羊板皮品质优良,皮形为蛤蟆形,以晚秋初冬屠宰剥皮为"中毛白"质量最好。槐皮板质致密,毛孔细小而均匀,分层多而不破碎,折叠无白线,拉力强而柔软,韧性大而强力高,是锦羊革和苯胺革的上等原料。

母羊初配年龄为 4~5 月龄,繁殖率为 238.66%,繁殖年限 6~8 年。7~10 月龄羯羊体重 17.4 千克,屠宰率 48%,净肉率 39%,肉质细嫩,膻味小,适于烹调。

槐山羊用波尔山羊进行杂交改良,效果很好。但在槐山羊主产区应保留纯品种。

5. 河南奶山羊

该羊是从 1904 年开始,引进瑞士莎能奶山羊与当地山羊杂交的后代,经过 80 年的选育而形成的奶山羊品种,1989 年通过鉴定。该品种适应性强,主要分布于陇海铁路沿线。

该羊体质结实,结构匀称,细致紧凑,乳用体形明显,头长、颈长、躯干长、四肢长。被毛白色,额宽鼻直,大多数无角,1/3 有肉垂,母羊清秀,胸部丰满,腹大而不下垂,尻宽长,倾斜适度;乳房容积大,基部宽广,质地柔软,向前延伸,向后突出,乳头大小适中。公羊高大雄伟,颈粗壮,胸宽深,背腰平直,睾丸大而对称,发育良好。四肢端正,蹄质坚实。

泌乳期 8 个月以上,第一胎 300 天产奶量 350～500 千克。第二胎 300 天产奶量 450～700 千克,乳脂率 3.6%,总干物质率 12.0%,第五胎以后,产奶量逐渐下降。母羊适配年龄是 14～16 月龄,产羔率一胎 150%,3 胎以上超过 180%,利用年限 5～7 年。在正常的饲养条件下,周岁公羊体高 70 厘米、体重 42 千克,母羊体高 64 厘米、体重 34 千克,屠宰率 45%,净肉率 34%。

6. 太行黑山羊

太行黑山羊又名武安山羊、豫西北山羊,分布于晋、冀、豫三省接壤的太行山区。

该羊体质结实,体格中等,颈短粗,胸深宽,背腰平直,后躯比前躯高。四肢强健,蹄质坚实,尾短上翘。毛被以黑色居多。由粗毛和绒毛组成。成年公羊体重 36.7 千克,母羊 32.8 千克,屠宰率 41.7%,净肉率 36%。可剪粗毛、抓绒,但毛、绒的产量均不高,成年羊粗毛毛长为 10～15 厘米,年剪粗毛 0.37 千克,抓绒 0.145～0.27 千克。太行黑山羊繁殖性能差,产羔率为 95%。

7. 伏牛白山羊

该羊是板皮优良的皮肉兼用羊,分布于豫西、豫西南的伏牛山区。

伏牛白山羊分有角和无角两种类型,体质坚实,体格偏小,骨骼坚实,结构匀称,皮肤紧凑,体长大于体高,后躯发育良好,中躯略长呈桶形,头中等大,面略凹,有须。颈肩略窄,背腰平直且结合良好,四肢端正,关节明显,蹄质坚实。

该羊所产板皮,皮形呈长方形,面积 0.3 ～ 0.5 平方米,皮重 0.75 ～ 1.5 千克。初冬至春节剥取的板皮最佳,春季至秋季的品质较差。板皮肉面为浅黄色,油润光亮("豆茬板"),是制革的优质原料。

该羊年产绒 50 ～ 150 克,粗毛 1 ～ 1.5 千克,其毛长 15 ～ 20 厘米,最高达 45 厘米。当绒毛丰足,粗毛长 15 ～ 20 厘米时,取皮制裘或制褥子,为山区防寒良物。

伏牛白山羊公羊体重 33.4 千克,母羊 26 千克,屠宰率 44.4%,净肉率 31.1%。

伏牛白山羊性成熟早,初配年龄 5 ～ 6 月龄,产羔率伏牛山北麓为 121%,南麓为 174%。

8. 安哥拉山羊

安哥拉山羊是世界上最著名的毛用山羊,主要分布于土耳其、阿根廷、新西兰等国家。

安哥拉山羊全身被毛白色,羊毛有丝样光泽,手感滑爽柔软,由螺旋状或波浪状毛辫组成,毛辫长可垂至地面、体格轻小,公、母羊均有角。耳中等长度,呈下垂或半下垂状态,颜面平直或略凹陷,面部和耳朵有深色斑点。鬐甲隆起,胸狭窄,肋骨扁平,骨骼细,颈部细短,四肢较短而端正,蹄质结实。

安哥拉公山羊被毛主要由两型毛纤维组成,部分羊被毛中含有 3% 左右的有髓毛,所以羊毛基本同质。与绵羊毛相比,其羊毛鳞片大而紧贴毛干,毛纤维表面光滑,光泽强,易染色,强度大,在国际市场上称为马海毛,是一种高档的纺织原料。

安哥拉山羊体高 60 ～ 65 厘米,母羊 51 ～ 55 厘米,其产毛量与活重随产地而异,一般成年公羊活重 55 ～ 70 千克、剪毛量 3.5 ～ 5.5 千克,成年母羊活重 31 ～ 38 千克、剪毛量 2 ～ 3 千克。毛股自然长度 18 ～ 25 厘米,最长可达 35 厘米,毛纤维直径 35 ～ 52 微米,羊毛细度随年龄增长而变粗,羊毛含脂率 6% ～ 9%,净毛率 65% ～

85%。大多数国家1年剪两次毛。

安哥拉山羊生长发育慢，性成熟晚，产羔率100%~110%，遗传性能稳定，耐高燥怕潮湿，适宜于大陆性气候条件下养育。

9. 辽宁绒山羊

辽宁绒山羊主要产区分布在辽宁省盖州、庄河、岫岩、凤城、宽甸等县。辽宁绒山羊以产绒量高亨誉国内外，目前全国已有17个省、市、自治区中的50多个县（旗）引进辽宁绒山羊。在引进地区均表现出适应性强、遗传性能稳定，杂交改良当地品种生产性能显著。

辽宁绒山羊体质结实，头小，额顶有长毛，颌下有髯。公、母羊均有角，公羊角由头顶部向两侧呈螺旋式平直伸展，母羊多板角向后上方伸展。颈宽厚，颈肩结合良好，背腰平直，后躯发达，四肢结实，尾瘦短，尾尖上翘。毛被全白色，外层粗毛长而稀疏，内层绒毛柔软而厚密。

经过20多年的系统选育，辽宁绒山羊生产性能得到不断提高，成年公、母羊平均体重分别为51.6千克和41.5千克，屠宰率50%以上。公、母羊羔5月龄时开始性成熟。一般1岁羊开始配种，发情期平均为18天，怀孕期146天，适龄繁殖期7~8年，产羔率110%~120%。辽宁绒山羊产绒量高，绒毛品质好，适应性强。在北方山区、高原和荒漠化地区，在其他家畜不宜生存的地方，饲养绒山羊仍可获得较好的经济效益。辽宁绒山羊是我国最有发展前途的绒山羊品种。

10. 隆林山羊

产于广西自治区隆林县及其邻近各县。该品种生长发育快，产肉性能好，繁殖力强，适应亚热带山地高温潮湿气候，毛色有白色、黑色和杂色。

隆林山羊头大小适中，公、母羊均有角和髯，少数母羊颈下部有肉垂，肋骨开张良好，体躯近似长方形，四肢粗壮，毛色较杂，有白色、黑色和杂色。

隆林山羊体重较大,成年公羊可达 57 千克,母羊 44 千克,羯羊最大可达 70 千克以上,这在我国南方亚热带山区非常难得。肌肉丰满,胴体脂肪分布均匀,肌纤维细,肉质好,膻味小。6～8 月龄羊25 公斤以下活体很受消费者欢迎,屠宰率一般在 50% 左右,是华南亚热带山区有发展前景的肉用品种。性成熟早,当年产羔当年可配种,一般情况下两年三胎或一年两胎,平均产羔率 195%。

三、羊品种选择的基本要求

1. 根据市场需要挑选羊品种

羊的品种繁多,用途亦有不同。有细毛绵羊品种,半细毛绵羊品种,毛肉兼用品种,羔皮用绵羊品种等;有板皮用山羊品种,肉用山羊品种,绒用山羊品种,亦有皮肉兼用、裘皮用山羊品种等。挑选合适的羊品种,要根据当地市场、国内市场、国际市场需要,如需要半细羊毛、山羊板皮、山羊奶,就挑选相应的优良半细毛绵羊种、板皮用山羊品种和奶用山羊品种,这样不仅产品易销,而且价格适宜,便于养羊经济发展。

2. 根据生产性能挑选羊品种

同一类型的羊而不同品种,其生长发育、繁殖能力、产肉率、产肉量、产毛量、净毛率、皮的品质等亦不同。要选择生产性能较高的品种,以便获得高的产品产量和高的经济效益。

3. 根据自然环境条件挑选羊的品种

羊的品种都是在其自然环境条件下,经过人工选育和自然淘汰而逐步形成的,品种形成时间越长,其适应性越强,遗传性的保守性亦超强、独特的生物学特征与其自然环境条件相一致,如果改变其自然环境条件,往往会降低生产能力或发生变异,甚至退化。

第三章　养羊基础知识

一、羊的经济价值

1. 为人类提供良好食品

羊肉是人类喜爱的肉食,是忌猪民族主要肉食来源之一,它肉质细嫩,味道鲜美,营养丰富,蛋白质含量高,胆固醇含量低,山羊肉含量更低,人们很喜爱吃。我国牧区人多吃绵羊肉,农区,特别是南方人多吃山羊肉。羊奶味道好,蛋白质含量比牛奶高11%,脂肪高10.6%,矿物质高10%,胆固醇含量却较少,且脂肪球小,分布均匀,并富含维生素和微量元素;矿物质含量适当,近似人奶;消化率达94%以上,且易吸收,是人类的佳肴食品,特别是对老人、病人和婴儿,尤为适宜。我国羊肉、羊奶生产呈逐年递增趋势。羊肉、羊奶作为食品改善了人们的食物结构,促进了人们生活水平的提高。

2. 为工业提供原料

羊皮是制革工业原料,可制皮衣、皮帽、皮箱、皮手套等,羊毛是毛纺工业原料,可纺毛线织毛呢、毛毯、地毯等;山羊绒可织毛围巾、毛背心等;由羊毛可制毛笔、毛刷等。羊肠衣和内脏是医药工业原料,可制医用缝合线和药品。羊肉、羊奶又是食品工业原料,可制肉品罐头、奶粉、炼乳、奶酪等。羊角、羊蹄可作泡沫剂原料,羊骨、血可作饲料工业原料,制作骨粉、血粉等,促进工业发展。

3. 为出口创汇提供商品

羊皮、羊毛、羊绒、羊肉、羊肠衣等及其制品皆为出口商品,国际市场上深受欢迎。

4. 为农业提供优质肥料

羊粪、尿是一种高效有机肥料,粪含氮素 0.75%、磷酸 0.6%、氯化钾 0.3%,尿含氮素 1.68%、磷酸 0.03%、氯化钾 2.1%,而且肥效持久,可改良土壤结构,能提高农作物产量。1 只羊 1 年可为农业提供粪肥 700 ~ 800 千克,含氮素 8.4 千克,相当于 40 千克硫酸铵,可保证 1 亩地施肥,与其他肥料配合使用,能增产粮食 120 ~ 160 千克。

5. 增加农民经济收入

养羊投资少,见效快,收益高,在广大农村,大人小孩、男女老幼都可养。

二、羊的外貌部位名称

羊体外貌分很多部位,其名称见图 3 - 1 和图 3 - 2。

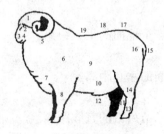

图 3 - 1　绵羊外貌部位名称

1. 头;2. 眼;3. 鼻;4. 嘴;5. 颈;6. 肩;7. 胸;8. 前肢;9. 体侧;10. 腹;

11. 阴囊;12. 阴筒;13. 后肢;14. 飞节;15. 尾;16. 臀;17. 腰;18. 背;19. 鬐甲

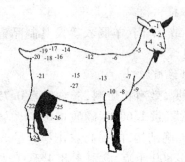

图 3-2　山羊外貌部位名称

1. 头;2. 鼻梁;3. 鼻镜;4. 颊;5. 颈;6. 鬐甲;7. 肩部;8. 肩端　9. 前胸;10. 肘;

11. 前膝;12. 背部;13. 胸部;14. 腰部;15. 腹部;16. 肷部;17. 十字部;18. 腰角;

19. 尻;20. 坐骨端;21. 大腿;22. 飞节;23. 系;24. 蹄;25. 乳房;26. 乳头;27. 乳静脉

三、羊的体尺及其测量方法

羊的生长发育快慢和生产性能高低,往往根据其体尺来判断。羊的主要体尺测量部位及方法:

羊的主要体尺测量部位及方法:

1. 体高

由肩胛骨最高点至地面的垂直距离。

2. 十字部高

由十字部至地面的垂直距离。

3. 体长

由肩端至坐骨结节后端的直线距离。

4. 胸深

由肩胛骨后背线至胸骨的垂直距离。

5. 胸围

由肩胛骨后缘绕胸 1 周的长度。

6. 胸宽

肩胛骨后缘的胸部宽度。

7. 管围

管骨最细部(左前肢系部由下而上 1/3 处)量 1 周的长度。

8. 尾长

指尾内侧的长度。

9. 尾宽

指尾内侧的最宽度。

10. 体重

空腹时的体重。

测量体长、体高、十字部高、胸深用测杖;测量胸围、管围用卷尺,测前用钢尺校正;测体重用磅或秤,用前亦需校正。

测体尺时,让羊端正地站在平坦的地面,前后肢和左右肢分别站在一条线上,头自然前伸。体重测量宜在早晨空腹时进行。

四、羊的生活习惯及特点

1. 性情温顺

羊性情温顺,容易训练。山羊活泼爱动,行动敏捷,喜登高,善游走;绵羊反应迟钝,胆小、懦弱,易受惊。

2. 适应性强,抗病力高

羊能在寒带、温带和热带生活,也能生活在山地、丘陵和平原,以及农区、牧区和农牧交叉地区。绵羊比较适应寒冷环境,在炎热的天气里容易出现"扎窝子"。羊一般不易发病,对疾病不敏感,在病的初期或患小病时,往往不易被察觉。群养时,疾病多一点。

3. 采食广泛,耐粗饲

羊的嘴尖齿利,唇薄灵活,上下颚强劲,能采食各种野草、牧草、树叶、农作物籽实和秸秆、茎叶、糠秕及农产品加工副产品等,山羊还特别喜欢吃树的嫩枝嫩叶,所以群众说"羊吃百样草"。

4. 喜干燥卫生

羊喜欢干燥卫生环境,吃干净草,饮清洁水,宁愿忍饥受渴也不吃脏草饮脏水。在比较潮湿和不卫生环境中,表现不安,鸣叫,有时食欲下降,甚至表现出病态。

5. 合群性强

羊性喜群聚,绵羊比其他家畜合群性强,山羊比绵羊更强,往往单独居者不安,群羊单居者尤甚,头羊前走群羊后跟,易于驱赶,便于群牧。

6. 消化吸收能力强

羊胃由瘤胃、网胃、重瓣胃和真胃组成,容量甚大,占消化道的2/3,瘤胃能把饲料中的纤维素分解50% ~80%,变成低级挥发性有机酸而吸收,把非蛋白质含氮物质转化成菌体蛋白而吸收,通过微生物生命活动合成多种必需氨基酸和 B 族维生素供机体利用。羊肠道很长,绵羊一般为其体长的20 倍,山羊为20 ~27 倍。食物在羊消化道内能被充分消化和吸收,利用率亦高。

7. 繁殖力高

羊的妊娠期为5 个月,一般绵羊1 年1 胎或两年3 胎,每胎产羔1~2 只,山羊两年3 胎或1 年2 胎,每胎产羔2 ~3 只,产羔率高达250% ~300%。

五、羊的正常生理指数

表3-1 羊的正常生理指数

项 目	绵 羊	山 羊
体温(℃)	38 ~40	38 ~40
呼吸(次/分钟)	12 ~25	12 ~30
脉搏(次/分钟)	70 ~80	70 ~80
血红蛋白(克/100 毫升)	11.0	10.7
红细胞(亿个/毫升)	9.4 (8.0 ~11.2)	13.1 (10.3 ~18.8)
白细胞(百万个/毫升)	8.2 (6.4 ~10.2)	9.6 (5.1 ~14.1)

六、羊的主要生产指标及计算方法

$$总增率(\%) = \frac{产羔成活数 - 羔羊死亡数}{年初羊存栏数} \times 100\%$$

$$净增率(\%) = \frac{年末羊存栏数 - 年初羊存栏数}{年初羊存栏数} \times 100\%$$

$$繁殖率(\%) = \frac{所产羔羊数}{年初母羊数} \times 100\%$$

$$繁殖成活率(\%) = \frac{断奶羔羊数}{年初母羊数} \times 100\%$$

$$产羔率(\%) = \frac{所产羔羊数}{产羔母羊数} \times 100\%$$

$$羔羊成活率(\%) = \frac{断奶羔羊数}{所产羔羊数} \times 100\%$$

$$屠宰率(\%) = \frac{胴体(包括肾、板油、尾油)重}{屠前活重(饥饿 24 小时)} \times 100\%$$

$$净肉率(\%) = \frac{净肉(剔骨后的胴体)}{屠前活重(饥饿 24 小时)} \times 100\%$$

$$净毛率(\%) = \frac{净毛重}{原毛重} \times 100\%$$

$$= \frac{羊毛绝对干燥重 \times (1 + 13\% 回潮率)}{原毛重} \times 100\%$$

第四章　羊场的建筑及设施

养羊生产,离不开合适的环境条件和设备,而这些都与羊场的规划设计、建造购置有关。对羊群所处环境实行有效控制,能提高羊的生产潜力,提高经济效益。

一、羊场场址的选择及规划设计

羊场的作用主要是为养羊提供较为适宜的环境,减弱外界不良因素的影响。没有羊场,养羊生产就不可能集约化、规模化,这样,生产力水平就很低,且有时会遭受严重经济损失。羊场实际上是人为的保护环境,使羊只的健康和生产力水平大幅度得到提高。

1. 羊场场址的选择

羊场对养羊生产相当重要,选址时应根据当地实际情况和饲养规模、类型,慎重选择。选址的基本原则如下:

(1)地形、地势　干燥、通风、凉爽的环境利于羊只健康和生产性能的发挥。因此,应根据羊的生活习性,选择地势干燥、向阳、背风、排水良好、通风、宽阔的地方建场,切忌在低洼涝地、山洪水道、冬季风口之地修建羊场。

(2)土质　应选择透水性强、毛细管作用弱、吸湿性和导热性小、质地均匀和抗压性强的沙质土壤。这种土质利于羊舍干燥清洁、冬暖夏凉,能减少羊群疾病的发生。黄土和黏土土质因其透水性差,吸湿、导热性大,不宜作羊场场址;建的羊场羊舍潮湿、冬天寒冷、夏天闷热,容易使羊群发病。

(3)水源　水源清洁无严重污染,上游地区无严重排污厂矿,且是非寄生虫污染危害区。以舍饲为主时,水源以自来水为最好,其次是井水。舍饲羊日需水量高于放牧羊,夏秋季高于冬春季,应掌握羊群需水量规律,保证供给。

(4)疫情状况 要对当地及周围地区的疫情作详细调查,切忌在传染病区建场。

(5)饲草资源 在建羊场时应充分考虑放牧与饲草、饲料条件。如在北方牧区和农牧结合区,要有足够的四季牧场和打草场;南方草坡区,要有足够的轮牧草地;以舍饲育肥为主的农区,必须有足够的饲草饲料贮备。

(6)周围环境 羊场场址的选择应遵循社会公共卫生准则,即使羊场不污染周边的环境,同时也不受周围环境污染。因此,羊场位置宜选在居民区下风处,地势低于居民点,又要远离居民污水排出口。不要在化工厂、屠宰场、制革厂等容易造成环境污染的企业下风处及附近建场。

羊场要求交通便利,但为了防疫卫生,羊场与主要交通干线的距离应不少于300米。选择场址时,还应注意供电条件,必须保证可靠的电力供应。

2. 羊场的规划设计

羊场在设计时应有一个总体规划,此规划要配置合理,符合生产工艺流程,符合卫生保健及防火要求,又要有利于提高劳动生产率。总体讲,应做到以下几点:

(1)羊舍及各建筑配置应合理,且符合羊场整体规划。

(2)羊舍方向一般以向南为宜。但不同地区还应考虑采光、通风等问题。

(3)根据生产环节确定建筑物间的最佳联系,布局按彼此间功能联系统筹安排。

(4)利于防火,大型建筑彼此相距不少于30米。

(5)按建筑物之间的功能联系,尽量做到建筑物布局紧凑,这样,可保证最短的运输、供电、供水系统,减少资金投入,降低生产成本。

(6)有利于羊舍的整体性与环境美化。羊场的整个场区可分为饲养区、饲料加工调制区、办公区三部分。整个羊场应统一规划和美化绿化，使院落、通道、羊栏保持清洁。

3. 羊育肥场的布局

羊育肥场的建筑主要有育肥羊舍、病羊舍、饲料库、饲料加工调制间、兽医室、水塔、车库、行政区和生活区等。自繁自养形式的育肥场还应设有公羊舍、母子舍、育成羊舍、产房及人工授精室等。

凡属功能相同的建筑物，如饲料库、青贮及氨化建筑物、饲料加工调剂间等，应尽量靠近或集中在一个或几个建筑物内进行，并应靠近消耗饲料最多的羊舍。此外。供水、供电、供热建筑物也应设在生产中心。

羊舍应平行整齐排列。如果栋数较少，宜成一行排列；栋数较多，呈两行配置。两行羊舍间距离在 10～15 米，这样可以保证运输路线短，采光一致，利于通风。

羊舍应与饲料调制间保持最近的联系。当羊舍呈一行排列时，饲料调制间应靠近中间两栋羊舍；羊舍成两行布局时。则应位于两行羊舍间的运料主干线上。

贮粪场的设置需遵守兽医卫生要求。当羊舍呈一行布局时，可只设 1 个，位于与饲料调制间相反一侧；羊舍呈两行布局时，应设两个，应位于羊舍较远的地方，且与羊舍的中部平行，以保证运输距离短，避免与运饲料道交叉。

兽医室、病羊舍应设在羊场下风向，以防疾病传播。产房设在靠近母羊舍的下风向。行政管理区、生活区应设在羊场的上风向，靠近门口或设在场外，以防外来人员联系工作时穿过场区或职工家属随意进入场内。

二、羊舍的建筑

羊舍是养羊生产必需的基本建筑，它是人为地创造适于羊生长的小气候，以利于养羊生产。羊舍的温湿度、采光、通风、舍内空气质量都对羊的生产产生一定的影响,因此,建造羊舍有很多要求及原则。

1. 羊舍建筑的基本要求

(1)建筑地点的选择 羊舍的地点应选在略带倾斜而没有积水或流水通过的干燥地方。山区或丘陵地区可建在靠山向阳坡(但坡度不宜过大),且水源方便,避风向阳。南面应有广阔的运动场。羊舍要接近牧地,离开公路 300 米以上,没有铁路通过,离开村落居民点稍远些。羊场的办公室和宿舍位于羊舍的上方,兽医室和贮粪堆位于羊舍的下方,以利于搞好环境卫生,保持羊群的健康。

(2)建筑面积 羊舍要有足够的面积,使羊在舍内可以自由活动,又不浪费空间。羊舍面积的大小,具体可根据羊的数量、品种、性别、生理状况和当地气候等情况综合考虑,一般以保持舍内干燥、空气新鲜,利于冬季保温、夏季防暑为原则。一般可参考表4-1的标准。

表4-1 各类羊只羊舍面积要求

羊 别	面 积(平方米/只)
春季产羔母羊	1.1 ~ 1.6
冬季产羔母羊	1.4 ~ 2.0
一般公羊	1.8 ~ 2.25
种公羊	4 ~ 6
去势公羊和小公羊	0.7 ~ 0.9
1 岁育成母羊	0.7 ~ 0.8
去势小羊	0.6 ~ 0.9
3 ~ 4 月龄羔羊	占母羊所需面积的2%

舍内设有暖房、饲料室、配种室和休息室。舍内间隔最好采用活动的,或以草架作为间隔。羊舍外面须设运动场,围墙的高度为2.0 ~ 2.5 米,面积一般为羊舍面积的 2 ~ 2.5 倍。运动场的地势,

应向南成缓倾斜,土地以易于排水的沙质壤土为宜。

(3)羊舍建筑的要求

屋顶:羊舍的高度根据饲养地区适合的羊舍类型和所容羊数而定。暖和地区,为求夏季兼做荫蔽之用,墙高 2.8~3.0 米;寒冷地区 2.4~2.6 米,原则上羊数愈多,羊舍亦应愈高,以扩大空间,保证足量空气。

门窗:因羊好拥挤,一般门宽 2.2~3 米、高 1.8 米,用双扇门,便于大车出入清除羊粪。长方形羊舍大门不少于两处,门槛与舍内地面同样高低,比室外地面要稍高数厘米,以防雨水倒灌进舍。寒冷地区,应注意保温,后墙窗户不可过大,在大门外可添设套门。

窗户的面积一般与占地面积之比为 1:15,高产绵羊舍则为 1:10~1:12。成年羊羊舍比例较大些,产羔室可小些,窗的宽度与高度根据气候条件决定,一般宽度为 1~1.2 米,高度为 0.5~1 米。窗台离地面 1~1.2 米。

墙壁:墙壁的种类,根据各地情况和经济条件决定。上墙为比较普通的一种,有导热性低、建筑费用低的优点,但易被雨水冲毁。可将离地面 1 米以下用砖石砌成,使其坚固耐用。

地面:要求干燥和平整,便于清洁,保持温暖。一般都采用黏土地面,易于去表换新,且造价低廉,但也有容易湿、不易消毒的缺点,管理上应妥善处理。

通气:为了保持羊舍空气清洁新鲜,舍内必须有良好的通气设备,同时又能避免贼风。在安置通气装置时,应考虑到每只羊每小时 3~4 立方米的新鲜空气。

(4)建筑材料 应因地制宜,就地取材,原则上是经济实用。为保证羊舍坚固耐用,延长使用年限,在条件允许时标准可高些。

2. 羊舍类型

(1)长方形羊舍 这类羊舍建筑方便、实用,舍前的运动场可根据分群饲养需要隔成若干小圈。羊舍面积可根据羊群大小 、每只羊应占面积及利用方式等决定。

(2)棚、舍结合羊舍　这种羊舍大致分为两种类型。一种是利用原有羊舍的一侧墙体、修成三面有墙,前面敞开的羊棚。羊平时在棚内过夜,冬春进入羊舍。另一种是三面有墙、向阳避风面为1.0～1.2米的矮墙,矮墙上部敞开,外面为运动场的羊棚,平时羊在运动场过夜,冬春进入棚内。这种棚适用于冬春天气较暖的地区。

(3)剪毛、产羔两用羊舍　在四季草场轮牧的牧区,只在冬、春季才需要羊舍,因此,可建造剪毛与产羔两用羊舍,冬春用于产羔、育羔,夏季用于剪毛;建筑此类羊舍时,既要按照剪毛羊群的数量、规模及工作要求,又要考虑到产羔、育羔时的特殊需要,统一布局,合理安排。

(4)楼式羊舍　这种羊舍通风良好,所以防潮性能较好,楼板多以木条、竹片敷设,间隙1～1.5厘米,离地面1.5～2.5米。夏、秋季节气候炎热、多雨、潮湿时,羊住楼上,既通风、凉爽,又干燥。冬春冷季,楼下经过清理即可圈羊,楼上可贮存饲草。

(5)农膜暖棚式羊舍　实际上是一种更为经济合理、灵活机动、方便实用的棚舍结合式羊舍。这种羊舍可以原有三面墙的敞棚圈舍为基础,在距棚前房檐2～3米处筑一高1.2米左右的矮墙。矮墙中部留一约为2米宽的舍门,矮墙顶部与棚檐之间用木杆或木框支撑,上面覆盖塑料薄膜,用木条加以固定。薄膜与棚檐和矮墙连接处用泥土紧压。在东、西两墙距地面1.5米处各留1个可关可开的进气孔,在棚顶最高处也留两个与进气孔大小相当的可调节排气窗。这种暖棚式羊舍在北方冬季气温降至0～5℃时,棚内温度可比棚外提高5～10℃;气温至-30～-20℃时,棚内可较棚外提高20℃左右,这种羊舍充分利用了白天太阳能的蓄积和羊体自身散发的热量,提高夜间羊舍温度,使羊只免受风雪严寒的侵袭。使用农膜暖棚养羊,要注意在出牧前打开气孔、排气窗和舍门,逐渐降低室温,使舍内外气温大体一致后再出牧,待中午阳光充足时,再关闭舍门及进出气口,提高棚内温度。

(6)床式羊舍 我国南方由于雨水多,地面潮湿,最好建造床式羊舍。羊不是栖息在地面,而是在低床上。床离地面高约 0.5 米,用木板条或竹片板钉置在横梁上呈栅板式。木条间距约为 1 厘米,以利于羊粪水下漏,也便于清洗。

3. 影响羊育肥的环境因素

(1)温度 肉羊的育肥只有在它最适宜的环境温度下,其生产性能才能得到充分发挥。温度不适宜,会使产肉水平下降,育肥成本提高,甚至使羊的健康和生命受到影响。羊的最适宜的生长、育肥的环境温度为 8～22℃。因此,建造羊场时,应注意冬季防寒和夏季防暑所应该和可以采取的措施,创造一个最佳的环境温度。

(2)湿度 空气湿度大小可直接影响羊体内热量的散发,高湿不利于在高温与低温时的热调节从而影响到羊的育肥效果。羊在高温高湿环境中,散热困难,往往引起体温升高、皮肤充血、呼吸困难,中枢神经因受体内高温的影响,机能失调,最后可致死;低温高湿条件下,羊易患感冒、关节炎、肌肉炎等。另外,潮湿环境有利于微生物的发育繁殖,使羊患上疥癣、湿疹、腐蹄病等。对羊来说,较干燥的空气环境对健康有利。羊舍内湿度 60%～70% 为宜。为了防止羊舍中过于潮湿,应注意以下几点:①羊场建在高燥处,羊舍的墙基和地面设防潮层。②加强羊舍保温,使舍内空气温度始终在露点湿度以上,防止水气凝结。③尽量减少舍内水的用量。④对粪便和污水应及时清除,避免在舍内积存。⑤保证通风系统良好,及时将舍内过多的水气排出去。⑥换垫草,有效防止舍内潮湿。

(3)光照 光照对羊的生理机能及生命活动直接作用,对羊的繁殖、生长、育肥都有影响。光照对羊的育肥影响有两种形式:①通过光照时间来影响。据实验,采用 8 小时的短光照育肥效果要好于长日照(16 小时光照)。②光照强度的影响,如适当降低光照强度,可使增重提高 3%～5%。

(4)通风 一般情况下,气流对羊的生长发育和繁殖没有直接影响,而是加速羊只体内水分的蒸发和热量的散失,间接影响绵羊、山羊的热能代谢和水分代谢。在炎热的夏季,气流有利于对流散热和蒸发散热,因而对绵羊、山羊育肥有良好作用。因此,在气候炎热时应适当提高舍内空气流动速度,加大通风量,必要时可辅以机械通风。冬季,气流会增强羊体的散热量,加剧寒冷的影响。据对羊的观察,在同一温度下,气流速度愈大则羊受冻现象愈明显;羊年龄愈小,所受影响愈大。在寒冷的环境中,气流使绵羊、山羊能量消耗增多,进而影响育肥速度。不过,即使在寒冷的季节,舍内仍应保持适当的通风,这样可使空气的温度、湿度、化学组成均匀一致,有利于将污浊气体排出舍外。气流速度以 0.1~0.2 米/秒为宜,最高不超过 0.25 米/秒。

(5)羊舍的有害气体 在敞棚、开放舍或半开放羊舍内,空气流动性大,所以空气成分与大气差异不大。在封闭式羊舍内,如果排气不良或使用不当,舍内有害气体有可能达到很高的浓度,危害羊群。最常见、危害最大的气体是氨和硫化氢。氨主要由含氮有机物如粪、尿、垫草、饲料等分解产生;硫化氢是由于羊采食富含蛋白质的饲料而且消化机能紊乱时由肠道排出。其次是一氧化碳和二氧化碳。消除有害气体的措施:①及时清除粪尿。粪尿是氨和硫化氢的主要来源,清除粪尿有助于羊舍空气保持清新。②铺用垫草、在羊舍地面的一定部位铺上垫单,可以吸收一定量的有害气体,但垫草须勤换。③注意合理换气。这样可将有害气体及时排出舍外,保证舍内空气清洁。羊舍内有害气体的浓度应控制在氨 20 毫克/立方米,硫化氢 6.0×10^{-6} 毫克/立方米,二氧化碳 1.50×10^{-6} 毫克/立方米,一氧化碳 20 毫克/立方米以下。

三、养羊常用设备

1. 草架和料架

草架和料架的式样有多种,有专喂粗料的草架,有喂粗料和精料两用的联合草料架,有专门用来喂精料的料槽。有的可靠墙固定,有的则可移动。设计草料架总的要求是:羊采食时不互相干扰,羊脚不会踏入草架内,架内草料不会抖落出来。

靠墙固定平面草架:草架设置长度,成年羊每只按 30～50 厘米、羔羊 20～30 厘米为宜,两竖棍间的间距,一般为 10～15 厘米。

两面联合草架:先制作一个高 1.5 米,长为 2～3 米的长方形立体框,再用 1.5 米的木条制成间隔 10～15 厘米的"V"形装草架,然后将装草架固定在立体框之间即成。

2. 盐槽

羊群的给盐和其他矿物质饲料如不在室内或不混于精料中喂给,可设盐槽,让羊随时舔食。

3. 多用途栅栏

主要用于临时分隔羊群,分离母羊和羔羊之用,可用木板、木条、钢筋、铁丝制成多用途、可移动或固定的栅栏。活动母仔栏,主要用于产羔时。羔羊补饲栏为羔羊补饲料用。分群栏是大中型羊场在进行鉴定、分群、防疫注射时常以分群栏进行分组。活动羊圈,主要在放牧时使用。

4. 饲料库

规模较大的羊场或以全舍饲为主的羊场,应建造饲料库和调料库,室内通风良好、干燥、清洁。夏季要防饲料潮湿霉变,建筑形式可以是封闭式、半敞开式或棚式。

5. 药浴池

为了防治疥癣及其他体外寄生虫,每年要定期给羊群药浴。供羊群药浴的药浴池一般用水泥筑成,形状为沟状,池深约 1 米,长 10 米左右,底宽 30～60 厘米,上宽 60～100 厘米,以 1 只羊可通过而不能转身为度。药浴池入口一端呈陡坡,在出口一端筑成台阶,以便羊只行走。在入口一端设有羊栏或围栏,羊群在栏内等候入浴,出口一端设滴流台。羊出浴后,在滴流台上停留一段时间,使身上的药液流回池内。滴流台用水泥修成。在药浴池旁安装炉灶,以便烧水配药。在药浴池附近应有水源。

6. 供水

设施有水槽、水盆等。

7. 青贮

设备现代的机械设备可用于青贮,主要有割草机、打草机、打包机。割草机用于刈割青贮的青草。收割的青草可用圆盘式青贮料切碎机先把青草切成一定长度的短草,然后用草饼机、打包机依次把切短的青贮料压成捆,外面用不透气的塑料薄膜密封。

8. 人工授精室与兽医室

大、中型羊场应建造人工授精室和兽医室。人工授精室应设有采精、精液检查、制精和输精室。为节约投资,提高棚舍利用率,也可在不影响母羊产羔和羔羊正常活动的情况下,利用部分产羔室,再增设一间输精室即可。兽医室应开展的工作有疫病预防、疾病治疗、环境的消毒、兽药的管理及环境监测、细菌培养等。因此,各羊场应根据自身情况,建设兽医室,并购买相应仪器和设备,如冰箱、消毒锅、血凝板、天平及常用药品及疫苗等。

第五章 羊的营养需要与饲草饲料

一、羊的营养需要

羊的营养就是维持生命、生长、繁殖、泌乳、长毛、长绒等所需要的物质,它包括蛋白质、碳水化合物、脂肪、维生素、矿物质和水等,这些物质除水之外,都来自饲料中。

蛋白质是羊体肌肉、内脏器官、血液、皮毛、绒、乳、角、蹄等的重要组成物质,也是羊体组织修补的必要物质。在体内蛋白质可代替碳水化合物和脂肪分解产生热能,而碳水化合物和脂肪却不能代替蛋白质。各种类的羊都不能缺少蛋白质。一旦缺乏,就会发生营养缺乏症,羔羊、幼羊生长受阻,成年羊肌体消瘦,母羊泌乳量下降,胎儿发育不良,种公羊精液品质及受胎率降低等。

碳水化合物在羊机体组织器官中占有重要比重,也是其机体热能主要来源,除保证生命活动及生产所需能量外,剩余部分还可在体内转化成脂肪贮存起来,以备饥饿时使用。羊瘤胃中有充足的碳水化合物,可促进微生物的繁殖与增加,减少蛋白质分解。

脂肪不仅是构成羊体组织的重要成分,而且也是热能的重要来源,是维生素 A、维生素 D、维生素 E、维生素 K 的溶剂,是羊产品的组成部分,在体内还具有保蓄体温功能及保护和固定器官的作用。

矿物质是羊体组织、体液和乳汁不可缺乏的重要组成部分。特别是骨、牙、角、蹄等,还在体内维持细胞渗透压,保持细胞容积,参与物质代谢过程。羊需要钙、磷最多,若缺乏就会食欲减退,生长停滞,消瘦,异食,产乳量下降,繁殖率降低,出现死胎等,严重缺乏者骨骼松软变形引起瘫痪,甚至死亡。

维生素是羊维持生命的要素,其需要量甚微,而所起作用极大。维生素种类很多,目前已知 20 多种,分脂溶性和水溶性两大类。羊体内若缺乏,就会引起维生素缺乏症。缺乏维生素 A 者,生长停滞,繁殖力下降,上皮细胞角质化,引起肺炎、气管炎及眼病等。缺乏维生素 D 者影响钙、磷的吸收,引起佝偻症。缺乏维生素 E 者会发生肌肉营养不良的退化性疾病和睾丸萎缩症,影响生育等。

水在羊体组织器官及其产品中,所占比例很大,可保持体形,散发体内热量,调节体温,运输各种营养,帮助消化吸收,排泄废物,缓解关节摩擦,促进新陈代谢等。羊要生存,一天也离不开水。体内缺乏水,常使健康受到损害,使生产力降低,尤其泌乳羊产乳量迅速下降。体内水分损失 10%,会导致严重的代谢紊乱,损失20% 以上,会引起生命危险。

羊在不生产而仅维持生命活动时,需要最低量的碳水化合物。羊每公斤体重平均每天若排出内源氮 0.03 克,就必须从饲料中获取 0.05 ~ 0.06 克的可消化氮来补充。50 千克体重的毛肉兼用成年母羊每天需要蛋白质 70 克左右。50 千克体重的空怀成年母羊每天需要维生素 A4 400 国际单位,维生素 D 600 国际单位,需要钙5.6 克、磷 3 克。

怀孕后期的羊,胎儿增重至 2 ~ 3 千克,母羊增重 7 ~ 8 千克以上,需要足够量的营养物质,热能代谢水平增高 15% ~ 20%,钙和磷需要增加40% ~ 50%,其比例以 2∶1 为好,维生素 A 和维生素 D应足量而不可缺少。

泌乳期母羊需要充分的营养物质。一般羔羊日增重 100 ~ 110克,每增重 100 克需要乳 500 克。而母羊产 500 克乳,除水外,需要0.3 公斤饲料单位,33 克蛋白质,1.2 克磷,1.8 克钙等,因而需要供给丰富的蛋白质、碳水化合物、脂肪和各种维生素,尤其维生素 A、维生素 D 及矿物质钙、磷、铁、碘、钾、镁、氮等。

种公羊需要较高水平的营养,以便保持经常健康,精力充沛,中上等膘情,旺盛性欲,强的配种能力,好的精液品质,高的受胎率。因而需要优质足够的蛋白质,维生素 A、维生素 D 及矿物质和适量的碳水化合物等。

二、羊的饲料

1. 青绿饲料

青绿饲料种类多,来源广,包括各种野草树叶,栽培的牧草,种植的玉米、豆类、秸秆秧苗、菜叶以及羊所能利用的青刈、水生植物等。

青绿饲料颜色青绿,鲜嫩多汁,适口性强,羊爱吃,而且纤维素少,易消化吸收,营养丰富,干物质中含蛋白质 10% ~ 20% 以上,含各种必需氨基酸,尤其是赖氨酸、色氨酸、精氨酸,富含各种维生素,钙、磷含量多而比例适当。

2. 青贮饲料

青贮饲料是把铡短压实的青绿饲料密封在青贮塔或青贮窖中,通过乳酸菌的作用而制成的一种青绿多汁饲料。

青贮饲料质地松软,香酸适口,易消化,羊爱吃,可长期贮存,维生素不受破坏,是羊冬季的优质饲料,亦是冬季维生素饲料的重要来源。

3. 干粗饲料

干粗饲料指青干草,树的落叶,农作物熟后的秸秆、秧蔓、秕壳等。

青干草和树叶气味芳香,适口性强,蛋白质、矿物质、维生素含量丰富且可长期保存,尤其是青干草,是羊良好的冬季饲料。

农作物熟后的秸秆、秧蔓、秕壳和稻草、麦秸、玉米秸、谷糠、花生秧、红薯秧、角皮等,虽然含木质素多,含热量少,蛋白质少,适口性差,难于消化,但是资源丰富,是农区养羊的重要饲料。

4. 精饲料

精饲料指禾本科和豆科农作物的籽实,如玉米、大麦、高粱、燕麦等谷类及大豆、豌豆等豆类;还有农产品的加工副产品,如麦麸、棉籽饼、豆饼、菜籽饼、花生饼、粉渣等。

精饲料营养丰富,体积小,水分少,粗纤维少,适口性好,消化率高,但是蛋白质品质不如青绿饲料和动物饲料,维生素、矿物质较缺乏,特别是维生素 A。

高粱、玉米、大麦、燕麦等含淀粉 70%～80%,粗蛋白质含量仅 7%～13.5%,而且品质不高,尤其缺乏赖氨酸、蛋氨酸、色氨酸;脂肪含量仅 2%～5%;矿物质含量少,尤其是钙;维生素 D、胡萝卜素含量亦少,而维生素 B_1 和维生素 E 含量丰富,是重要的热能饲料。

豆科籽实及饼类,含蛋白质 20%～45%,比禾本科高 1～3 倍,是重要的蛋白质补充饲料。大豆含有一种抑制胰蛋白酶作用的物质,加热易受破坏,所以要煮熟后饲喂或炒后粉碎喂。棉籽饼、菜籽饼含有毒素,要经脱毒后再饲喂。

5. 动物性饲料

动物性饲料来源于动物,常用的有骨粉、肉粉、鱼粉、血粉、蚕蛹、乳类等。

动物性饲料就是蛋白质饲料,除骨粉、乳类之外,含蛋白质 55%～84%。而且品质好,含丰富的 B 族维生素,特别是维生素 B_{12},鱼粉还含有丰富的维生素 A、维生素 D 及多种微量元素,钙、磷含量多而比例适当,不含纤维素。除乳类含乳糖外,极少含碳水化合物,是羊很好的配合饲料的蛋白质添加饲料。

6. 矿物质饲料

常用的矿物质饲料有食盐、骨粉、蛋壳粉、石粉、贝壳粉及各种微量元素添加剂等。矿物质饲料不含蛋白质、热能。虽然营养物质单纯,用量亦小,但不可缺少。

7. 特种饲料

尿素是羊的特种饲料,只是供瘤胃中微生物合成蛋白质所需要的氮源,合成的蛋白在小肠被分解,而氮被吸收利用。纯尿素含氮 46%,若全部被瘤胃中微生物合成蛋白,1 千克相当于 28 千克蛋白质的营养价值,或相当于 7 千克豆饼中所含蛋白质的营养价值。

尿素适用于成年羊,一般用量为体重的 0.02% ~0.05% 或日粮中粗蛋白质量的 25% ~30% 或不超过日粮干物质的 1% 。

绵、山羊常用饲料营养价值见表 5 - 1,可供配合日粮时参考。

表 5 - 1　绵、山羊常用饲料营养价值表

饲料名称	水分（%）	粗蛋白质（%）	粗脂肪（%）	可溶性无氮物（%）	粗纤维（%）	粗灰分（%）	1 千克饲料含 *		
							可消化蛋白质（克）	可消化能（兆焦）	饲料单位
（一）籽实饲料									
高粱	12. 80	9. 30	4. 10	70. 90	1. 10	1. 80	51. 8	14. 99	1. 16
大麦	8. 08	13. 50	1. 56	67. 51	5. 82	3. 53	90. 0	12. 31	0. 98
玉米	12. 58	9. 22	3. 81	70. 87	1. 98	1. 54	52. 4	15. 07	1. 17
黑豆	7. 79	39. 39	13. 57	29. 06	5. 48	4. 71	321. 3	15. 32	1. 19
豌豆	10. 09	21. 20	0. 81	59. 00	6. 42	2. 48	170. 1	15. 70	1. 21
大豆 *	13. 80	36. 90	15. 40	23. 30	6. 00	4. 60	328. 0	15. 78	1. 22
（二）加工副产品									
小麦麸	10. 61	16. 53	3. 63	57. 49	6. 39	5. 35	120. 9	10. 55	0. 81
玉米皮	13. 90	5. 75	0. 48	66. 54	12. 01	1. 32	39. 4	11. 13	0. 86
高粱糠	12. 45	10. 87	9. 48	60. 44	3. 20	3. 56	67. 1	13. 90	1. 08
谷糠	8. 10	7. 50	6. 90	45. 00	22. 60	9. 80	67. 1	11. 34	0. 88
玉米糠	12. 50	9. 90	3. 60	61. 50	9. 50	3. 00	69. 3	13. 86	1. 07
大豆饼	11. 50	44. 65	11. 40	26. 41	1. 40	4. 62	387. 4	15. 32	1. 19
菜籽饼	4. 60	38. 12	15. 41	25. 90	10. 06	5. 91	300. 0	14. 86	1. 15
胡麻饼	9. 17	32. 30	8. 44	31. 73	12. 10	6. 26	260. 0	15. 36	1. 19
豆腐渣	88. 44	3. 98	0. 95	4. 89	1. 34	0. 40	32. 8	5. 19	0. 40
马铃薯粉渣	18. 54	0. 56	66. 64	7. 98	3. 98	13. 7	12. 31	0. 95	
棉籽饼	4. 79	41. 56	5. 01	30	9. 62	8. 25	359. 0	6. 20	0. 48
酒糟	54. 87	5. 79	4. 12	14. 93	15. 79	4. 50	39. 1	8. 83	0. 68
饴糖渣	77. 08	7. 58	3. 06	9. 14	2. 07	1. 07	58. 6	3. 68	0. 28
（三）多汁饲料									
胡萝卜	86. 63	1. 25	0. 48	9. 72	0. 82	1. 10	7. 8	2. 05	0. 15

（续表）

饲料名称	水分（%）	粗蛋白质（%）	粗脂肪（%）	可溶性无氮物（%）	粗纤维（%）	粗灰分（%）	1千克饲料含 * 可消化蛋白质（克）	1千克饲料含 * 可消化能（兆焦）	饲料单位
马铃薯	76.45	2.25	0.11	18.98	0.92	1.29	14.1	3.06	0.23
南瓜	89.12	1.49	0.64	7.12	0.92	0.71	10.4	1.47	0.11
甜菜	88.19	1.55	0.09	7.05	1.38	1.74	11.6	1.51	0.11
（四）青贮饲料									
玉米（乳熟期）	80.8	1.80	0.70	9.00	6.10	1.60	11.0	2.34	0.18
玉米（黄熟期）	77.60	1.90	0.70	11.80	6.40	1.60	10.0	2.76	0.21
大麦（抽穗期）	80.90	2.00	0.50	7.80	6.00	2.80	13.0	2.05	0.15
白薯秧	79.30	2.6	1.10	8.70	5.80	2.50	11.0	2.09	0.16
（五）青饲料									
白菜	86.40	2.00	0.80	8.00	1.60	1.70	15.2	1.84	0.14
野草（田边）	76.30	2.70	0.70	11.00	6.80	2.50	21.0	2.51	0.19
野草（原野）	59.10	3.80	1.20	19.60	13.10	3.20	19.0	3.68	0.28
野草（山地）	64.10	2.80	0.90	17.60	11.40	3.20	14.0	3.18	0.24
狗尾草（抽穗期）	73.40	3.50	0.90	12.00	8.0	2.20	20.0	2.72	0.21
狗尾草（开花期）	59.50	1.811	0.80	20.00	14.8	2.50	9.0	4.06	0.31
马唐 *	83.60	2.60	0.60	7.00	4.30	1.90	20.0	1.72	0.13
黑麦（抽穗期）	83.60	2.20	0.70	7.20	5.10	1.30	15.0	2.13	0.16
紫苜蓿（开花期）	80.10	3.20	0.60	8.10	6.20	1.80	25.0	2.22	0.17
白茅 *	65.2	2.5	1.0	16.8	12.3	2.2	11.0	3.47	0.27
蓟 *	88.9	1.5	0.6	4.8	2.2	2.0	11.0	1.26	0.09
艾 *	79.3	4.0	0.1	9.2	4.5	1.9	32.0	2.80	0.21
桑叶 *	69.8	7.7	1.6	15.2	3.5	2.2	53.0	3.77	0.29
刺槐叶 *	71.1	7.2	1.3	13.6	4.8	2.0	50.0	3.39	0.28
白桦叶 *	60.1	5.3	3.3	24.0	5.6	1.7	32.0	4.94	0.38

（续表）

饲料名称	水分（%）	粗蛋白质（%）	粗脂肪（%）	可溶性无氮物（%）	粗纤维（%）	粗灰分（%）	1千克饲料含*		
							可消化蛋白质（克）	可消化能（兆焦）	饲料单位
（六）干草									
多花黑麦草（抽穗前）*	15.2	15.7	3.7	39.8	15.9	9.7	108.0	10.51	0.82
多花黑麦草（开花期）*	13.4	8.3	2.2	39.3	29.4	7.4	38.0	8.54	0.66
紫苜蓿（开花期）*	15.2	14.8	2.3	32.3	27.1	8.3	114.0	8.87	0.69
紫苜蓿（再生草开花期）*	12.0	16.8	2.3	34.5	26.3	8.1	123.0	8.83	0.69
紫云英（开花期）*	13.9	16.1	2.5	37.6	23.2	6.7	105.0	9.25	0.72
大豆（开花期）*	12.8	15.8	1.4	30.4	33.7	5.9	95.0	8.01	0.62
白薯秧*	16.1	8.9	2.9	41.2	23.0	7.9	38.0	12.52	0.97
花生秧*	14.3	10.0	2.9	34.5	33.0	6.5	54.0	8.00	0.62
马唐（抽穗前）*	11.5	11.5	1.3	36.8	28.2	9.5	60.0	9.00	0.70
野草（田边）*	13.2	8.5	2.5	39.6	26.5	10.1	34.0	8.67	0.67
野草（原野）*	13.0	6.9	2.1	41.7	28.9	7.6	22.0	7.49	0.58
野草（山地）*	14.2	5.9	2.0	42.8	27.5	7.5	19.0	7.37	0.57
小麦秸*	10.9	3.1	2.1	44.6	33.7	5.7	3.0	6.61	0.51
大麦秸*	15.1	3.6	2.0	34.9	37.5	7.7	7.0	7.28	0.57
小豆秸*	13.9	6.1	1.2	33.8	38.9	5.8	18.0	6.74	0.51
大豆秸*	14.5	6.8	1.5	34.4	38.0	4.5	20.0	6.82	0.53
秘鲁鱼粉*	9.2	64.3	1.8	1.2	0.3	17.4	572.0	13.56	1.05
鱼骨粉*	8.7	50.5	7.6	3.0	0.7	25.1	429.0	12.39	0.96
血粉*	9.2	83.8	12.0	1.8	1.3	3.3	595.0	11.22	0.87
脱脂乳*	90.7	3.3	0.6	5.2	0.7	31.0	1.55	0.92	
啤酒酵母*	9.3	51.4	0.1	28.3	2.0	8.4	468.0	13.35	1.03
尿素	0	287	0.6				2000		

*为近似值。

三、羊饲料调制与加工新技术

1. 秸秆青贮技术

（1）青贮原料　青贮原料十分广泛，一般无毒无害的青绿植物均可青贮。含糖分高的易于青贮，如玉米秆、高粱秆、禾本科牧草、甜菜、胡萝卜、红薯秧等。蛋白质含量高的不易于青贮，如苜蓿、野豌豆、沙打旺、大豆秧等。为了兼顾饲料的品质和营养成分，最好将含糖量高的易于青贮的草类、秸秆与不易青贮的草类、秸秆混合青贮，一般以2∶1为好。含水量超过70%的青绿饲料青贮，应加入一些铡短的干草或加入一些糠麸之类，使水分含量在70%时为好。

（2）青贮设施　如果养殖场或养羊专业户制作青贮，使用青贮池效果最好。即在比较高的地方选一平坦处挖上宽1.5米或2米、深1.5米左右，长度根据用量而定的适当的长方形坑。如急用，底层和四壁用塑料布垫上就可装填青贮料。最好是挖好后，底层和四周用红砖砌好，用水泥抹平，以不漏气为准。干后就可直接装填青贮原料，这种池子可以连年使用。池子的形状以上口稍大于下口为好，因这样有利于青贮料的压实。如羊只较少，也可在缸内或塑料袋内青贮，原则相同，即切短、装实、封好不漏气就行。

（3）青贮的制作　要做到六随三要。即应随割、随运、随切、随装、随压、随封，要切短（不超过3厘米）、要压实（每装20～30厘米厚就应彻底压一遍，特别是周边和角处）、要封严（整个装压结束后，上面用塑料布盖严，压好上边和四周，不让漏气）。如用玉米进行青贮，有两种方法可用：一是专用作青贮的玉米，应在七成熟时全棵割掉，运回，连玉米穗一起用切草机铡成1.5厘米。随铡随装、压实、封好就行了。二是用收获过的青玉米秆上部2/3来青贮，操作过程一样，只是应使含水量达到70%，达不到含水量时，应加些清水或淡糖水。

青贮池装填时,最好装得高出池口 30 ~ 50 厘米,成弓形最好。然后用整块塑料布盖好,再在上面撒上 10 厘米左右厚的干草或麦秸之类,最后在麦秸上面压上 20 ~ 30 厘米厚的湿土即可。3 ~ 5 天后,若青料下沉、土层裂缝或下沉,应及时补土,不要让雨水流入青贮料内,经发酵 45 天左右即可使用。

(4)青贮料的评定　从色、香、味和质地 4 个方面进行。一般青贮较好的饲料,应呈黄绿色;中等的呈黄褐色;劣等的为褐色、深褐色。正常的青贮饲料应是酸甜香味,有水果香味为优等,有刺鼻的酸味品质较次,有臭味者不能利用。品质优良的青贮料,用于触摸感觉松软、不黏手,用劲握时可以从指缝里掉下水滴,松手落地成散状。若结成一团,或手摸不湿润,而且过硬者均为品质较次的青贮料。

(5)青贮料的利用　青贮料一经打开就应天天取用,取用时应从一端开始,用完一段再揭另一段,即分段取用。不可 1 次去掉过长的塑料布和表层土。取用时应从上向下。随取随喂,取完后及时盖好,防止雨淋。青贮料是喂羊的好饲料,但不能长期单一饲喂,应和其他饲草配合使用。一般情况下,乳羊每天可喂 1.5 ~ 3 千克,育成羊喂 1 ~ 1.5 千克,公羊喂 1 ~ 1.5 千克。开始喂时应从少到多,到适应后再给足量。喂量的多少应根据羊的性别、年龄、生理阶段和饲料品质而定,要灵活掌握。

2. 微贮技术

将农作物秸秆(玉米秸、麦秸、稻秸等)铡碎,经微生物活杆菌发酵贮存后,变成羊喜食而消化率高的优质饲料。其方法与青贮相似,将秸秆发酵,活杆菌用水溶解复活,加到浓度为 0.8% ~ 1.0% 的食盐水中,喷洒到铡短(2 ~ 3 厘米)的秸秆上,在微贮窖的缺氧条件下,经 21 ~ 31 天完成发酵过程,便可取出饲喂。

秸秆发酵活杆菌呈粉状,每袋 3 克,每克含活菌数 500 亿个,每袋可处理 1 吨干秸秆或 2 吨青秸秆。其作用是将秸秆中不易消化的木质纤维素类物质转化为糖类,再经有机酸发酵菌转化为乳酸和挥发性脂肪酸,不仅使秸秆变得柔软,容易消化吸收,而且可以提高瘤胃微生物菌体蛋白的合成量,增加对机体微生物蛋白的供应量,促进羊的生长与增重。同时,还可使贮料的 pH 值稳定在 4.5~5.0,不发生过酸和霉烂现象。

开始喂时,由少到多,逐步增加喂量。与青贮饲料同时喂时,日喂青贮饲料 3.2~4.1 千克、微贮饲料 1~1.5 千克。

3. FP4 秸秆调理技术

"FP4 秸秆调理剂"是一种高活性生化制剂,它针对各类农作物秸秆及其他农副产品下脚料、可食杂草等,通过简单易行的操作方法,达到提高秸秆适口性和营养价值,提高秸秆消化吸收率的目的;从而变废为宝,提高生产效益,为发展农区、城郊畜牧业开辟了捷径。

(1)主要功能 本制剂采用碱平衡和有益微生物发酵的复合调理方法,广泛用于各类粗饲料原料的平面及窖内调理。该技术操作简单,效果良好,可取得很好的饲用生物学价值。本制剂由辅料和菌种构成。其辅料中除了加入大量营养物质和一定量的碱性物质外,还加入了对棉秆中棉酚有脱毒作用的化学物质,并在菌种组成中使用了对游离棉酚有解毒作用的菌株。

(2)用法 在使用本品进行调理时,先将物料粉碎,打开包装,取出菌种袋(1 小袋),将菌种置于温水(10~20 千克)中浸泡 15~20 分钟备用。将粉碎好的物料取出,撒布辅料,充分拌匀后,可泼洒菌液并加入适量清水调节湿度,湿度掌握在 45%~55%(手捏物料指缝有水而不滴)为宜。加水充分拌匀后,物料既可平面调理,也可入窖调理。

平面调理以水泥地面为宜,土地面应覆以塑料薄膜,将拌好的物料堆成高 1.5 米左右的堆,压实,以塑料布覆盖,四周压实即可。

窖内调理(适用大量秸秆)也以水泥池为宜,土坑应铺塑料薄膜,窖内各面应先将辅料少许布撒后再将物料堆入,逐层压实 20 厘米左右后,各物料层间均匀撒一层辅料,并喷洒菌液及清水;由下向上,菌液和清水用量逐层增加,以保证水的均匀。操作结束后压实密封即可。

此外,少量秸秆的调理除平面法外,还可采用入袋密封、缸藏等方法调理。

另外说明,调理秸秆的青黄不限,干湿不限,应依实际情况注意调节湿度。若青贮时投入本品,效果会明显优于常规青贮。调理时间一般平面调理 3～10 天,窖内调理 7～20 天,视环境温度而定。

调理结束时,打开覆盖物手感温热,物料呈淡黄色或金黄色,散发酒香味或酸甜味,说明调理完毕,即可饲喂。

(3)调理后物料的保存 平面调理完毕后,应尽快饲喂或摊开晾干;而窖(池)内调理好的物料,应逐层取料,并且每取 1 次料后,注意密封,以防有害杂菌的二次污染。

(4)适宜温度 菌种的适宜生长温度是 25～37℃。调理时环境温度不应低于 10℃。

(5)适用动物 牛、羊类,秸秆一般需粉碎至 2 厘米左右;猪、鱼类,秸秆一般需粉碎至 1 毫米以内,并选用营养价值较高的秸秆,如玉米秆、高粱秆等。

4. 氨化技术

将小麦秸、稻草秸铡短(2～3 厘米),每 100 千克秸秆加 40 千克水、2 千克尿素,放在氨化池、窖、塑料袋、氨化炉内,踏实,密封 7～28 天(气温 20℃以上 7 天,15℃时 10 天,5～10℃时 15 天,0℃时 28 天)。选择晴朗天气启封,经常翻动秸秆放氨一昼夜,放完一层取用一层。喂时与玉米淀粉类饲料、谷草、青干草、青贮饲料或微贮饲料掺和均匀喂给。喂时,由少到多逐渐增加,日喂量可达到 2～3 千克。若因放氨不彻底,可能会有个别采食量多的羊只,出现走路像醉汉、颤抖、卧地等症状,这是氨中毒的外部表现。一只羊灌服 1:2 的食醋水溶液(0.1 千克醋加水 0.2 千克),即可解救。解救后的羊只仍然可以继续喂给氨化饲料。

5. 碱化技术

利用相当于秸秆重量 8 倍的 1.5% 的氢氧化钠溶液浸泡秸秆 12 小时,以除去其细胞壁成分中的大部分木质素与部分可溶性的硅酸,然后用水冲洗,一直洗到中性为止,从而改善其适口性,提高营养价值。喂羊时秸秆有机物质的消化率约从 45% 提高到 70%,粗纤维约从 50% 提高到 80%。亦可用氢氧化铵溶液处理,称为氨化秸秆。

在调制上,用青绿饲料或秸秆喂羊时,切碎成 1.5~2.5 厘米,放于槽中,以减少浪费。豆饼最好压碎和浸泡软化。谷实压碎喂羊为宜。

6. 调制麦秸、苜蓿干草

麦秸的营养价值低,适口性差,在羔羊肥育时可用 2/3 苜蓿和 1/3 麦秸混合调制干草,调制时铺麦秸一层,上铺开花时收割的苜蓿,用碾滚压,将苜蓿茎叶中的水分挤出为麦秸所吸收,养分不损失,苜蓿易于蒸发水分,而又不损失叶片,可制成优良的青干草来喂羊。

7. 玉米与黑豆套种

玉米收棒后,玉米秸和黑豆秸一块收,以后切成 3~6 厘米长用来喂羊,这样可以提高玉米秸的饲料价值。

四、牧草品种

1. 美国籽粒苋

籽粒苋是 1982 年中国农业科学院由美国引入。试种后引起了畜牧、食品行业的重视。专家一致认为,籽粒苋可作粮食、饲料、蔬菜,也是食品加工和生产天然色素的原料,还可观赏,是一种用途广泛,经济价值高的作物。

籽粒苋为苋科苋属一年生草本植物。为短日照,适应湿润气候,最适宜的生长温度为 20~30℃,耐热、耐旱能力较强,耐寒能力较差,对土壤要求不严,除低湿地外,各种土壤均可生长。发育较快,再生力强。

籽粒苋作饲料用有间割、全割和割头3种收割方式。籽粒种子成熟时间不一致,成熟标准是,果穗变黄,摇动时有种子脱落,籽实饱满并有光泽。收种子时,一般在果穗中部籽粒成熟时割下穗头,翻晒脱粒,从大面积种植的结果来看,每亩每年可产鲜草5~10吨,为苜蓿的两倍左右,收干草2 000千克左右。

籽粒苋的营养价值很高,粗蛋白质、维生素和矿物质含量很丰富,其籽粒含蛋白质18%左右,含氨基酸8%上下,现蕾期干叶含蛋白质20.4%,赖氨酸0.79%。由于其茎叶和籽实含有丰富的蛋白质和各种必需的氨基酸,可弥补粗饲料蛋白质的不足。特别是适时收割的籽粒苋,柔嫩多汁,适口性强,粗纤维含量低,容易消化,为各类畜禽所喜食,也可用籽粒苋晒制干草,加工粉碎成草粉,作为配制全价配合料的原料。如进行青贮,饲喂效果则更好。

2. 沙打旺

沙打旺又名直立黄芪、麻豆秧、苦草,在河南省俗称薄地犟、地丁等。沙打旺是一种优良的豆科牧草和绿肥作物。我国华北、西北、东北、西南等地以及河南省桐柏等山区和豫东沙荒区都有野生。沙打旺适应性强、产草量高,是饲用、绿肥、固沙、水土保持的优良牧草。河南省20世纪70年代在豫东地区选育驯化大面积种植成功后,已在淮河以北地区广为推广种植。

沙打旺属豆科黄芪属多年生草本植物。沙打旺喜温暖气候,在20~25℃温度下生长最快。适宜在年平均温度8~15℃的地区生长,在0℃以上,积温低于3 600℃地区不能正常开花结实。沙打旺对气候适应性很强,根系发达,抗旱力极强。耐盐碱,耐瘠薄,能生长在瘠薄的退化碱性草地上。在连续70天无雨,其他植物大部分被旱死的情况下,仍茎叶青绿。沙打旺顾名思义,具有很强的抗风固沙的能力。

播种方式可采用条播、撒播或点播 3 种,较大面积的可用手摇播种机播种,千亩以上的连片草山、草坡、沙荒可用飞机播种。沙打旺长势强,第二年后,每年可刈割 2 ~ 3 次。播种 1 次可连续生长 4 ~ 5 年或更长时间。据河南省饲料资源调查,播种当年每亩收鲜草 1 000 ~ 1 500 千克,第二年可收鲜草 2 990 千克,折干率 19.8%,每亩可晒制青干草 582 千克,高产者可收鲜草 5 000 千克左右。沙打旺牧草营养丰富,粗蛋白质含量高,与苜蓿相似,是一种营养价值较高的牧草。

3. 冬牧-70 黑麦

冬牧-70 黑麦又名冬长草、冬牧草,从 1979 年 5 月由美国引入我国,1983 年在郑州、桐柏等地试种,生长很好,是解决冬季缺青的优良牧草。

冬牧-70 黑麦是禾本科黑麦属冬黑麦的一个亚种。冬牧-70 黑麦比较耐寒。晚秋播种,10 日内出苗。生长期可耐受 - 10 ~ -5℃的低温。耐旱性也较强,并能耐盐碱,在瘠薄的土地上也能生长。另外抗病虫害能力也较好,特别是抗蚜虫能力,在相邻近的大麦、草芦遭到蚜虫严重危害时,冬牧-70 黑麦的茎叶却从未发现蚜虫害。

冬牧-70 黑麦在河南省一般以秋播为好,条播行距 10 ~ 15 厘米,每亩播量 1.5 ~ 2.5 千克,播深 2 ~ 3 厘米。冬牧-70 黑麦,茎叶繁茂柔软,营养丰富,各种家畜都喜采食。最大优点是冬季青绿,是解决家畜冬饲的好牧草。刈割、放牧、鲜草、干草都很优良,一般可刈割 3 ~ 4 次,亩产鲜草 4 000 ~ 5 000 千克,再生能力强,种子产量高,值得今后大力推广种植。

4. 苏丹草

苏丹草是禾本科高粱属一年生草本植物。原产非洲北部苏丹地区,故名。目前,是世界各国栽培最普遍的一年生禾本科牧草。我国引种已有几十年的历史,在各地均有栽培并生长良好,是一种很有价值的高产优质青饲作物,是优良的禾本科牧草。

苏丹草属于喜温植物,温度条件是决定它的分布地域与产量高低的主要因素。种子发芽最适温度为 20～30℃,最低温度为 10～12℃,在适宜条件下,播种后 4～5 天即可出苗,7～8 天达到全苗,气温低墒情差时,出苗较慢,一般要半个月左右才能全苗。苏丹草苗期生长缓慢,对低温非常敏感,当气温下降至 2～3℃时即受冻害,但已成长的植株,具有一定抗寒能力。

苏丹草根系发达,抗旱能力强,干旱季节如果地上部分因刈割或放牧而停止生长,雨后则很快复生。但雨量过多或土壤过分潮湿也属不利,容易遭受各种病害,特别是易感染锈病。

苏丹草对土壤要求不高,无论沙壤土、黏重土、酸性土壤或盐碱土,均可栽培,但过于瘠薄的土壤也不利于生长,如在沙土上虽然也可以栽培,但产量很低。

苏丹草柔软的茎叶可制作青贮饲料和晒制干草,直接青饲效果也较好。但幼苗含有氰氢酸,饲喂时要防止氰氢酸中毒。随着生长,氰氢酸含量减少,刈割后稍加晾晒,一般不会发生中毒。

苏丹草一年可刈割 3～4 次,一般亩产 2 500～3 000 千克,高产可达 5 000 千克。刈割后再生草可放牧利用,特别是奶牛最喜食,常常因大量采食苏丹草,而增加体重和泌乳量。此外,苏丹草还可作食草鱼的饵料,对食草鱼适口性很好。苏丹草的种子亦是很好的精料,并且可酿酒。

5. 串叶松香草

串叶松香草原产北美中部地区潮湿的高草原地带,18 世纪引入欧洲,仅在植物园里种植,20 世纪 50 年代引入前苏联,1979 年我国从朝鲜引入,经试种观察,证明串叶松香草抗寒性强,耐旱、耐湿,适应性广,可在华北、华中及长江流域地区种植,是一种很有发展前途的高产优质牧草。

串叶松香草为菊科多年生草本植物。根茎肥大、粗壮,有水平状多节的根茎和纤细的营养根两部分组成。串叶松香草适应性较广,喜温暖湿润气候,而又耐寒耐热,不但在南方生长良好,而且在北方也能安全越冬。适宜在肥沃、湿润、土层较厚的沙壤土上种植，不耐瘠薄。串叶松香草主要以种子繁殖，因其越冬能力较强，无论春播或秋播，当年只形成莲座状的叶簇，第二年才开始抽茎、开花、结实。在北京地区春播，当年只形成 8~10 片基生叶，第二年 4 月上旬返青，6 月中旬开花，7 月中旬种子成熟。在南京秋播，越冬前植株形成 2~5 片叶，第二年返青后生长迅速。

串叶松香草鲜嫩多汁，营养价值高，含有丰富的蛋白质和家畜所需要的全部氨基酸，尤以赖氨酸含量最高。串叶松香草是牛、羊、猪的优良饲料，其适口性随着家畜逐步采食而增强，经饲喂几天后即可适应。青饲、青贮和调制干草均可。鲜草产量从第二年开始一般每亩可产 5 000 千克左右。刈割以 1~2 次为宜，过多会降低第二年的产量。

6. 紫花苜蓿

紫花苜蓿又名苜蓿或紫苜蓿，因开紫花故习惯称紫花苜蓿。苜蓿是世界上栽培最早的牧草。它起源于小亚细亚、外高加索、伊朗和土库曼的高地。

紫花苜蓿为豆科多年生草本植物，一般寿命 5~7 年，长者可达 25 年。生长 2~4 年最盛，第五年以后产量逐年下降。紫花苜蓿喜温暖半干燥气候，生长条件适合时寿命最长可达 60 年以上，但生产上一般多利用 3~5 年，多者 10 年左右。日平均气温在 15~25℃，昼暖夜凉，最适合苜蓿生长，夜间高温对苜蓿生长不利，在华北地区 4~6 月份是苜蓿生长最好季节。抗寒性强，可耐 -20℃ 的低温，在有雪覆盖时，可耐过 -44℃ 的低温。

对土壤要求不严，喜中性或微碱性土壤，pH 6~8 为宜，有一定耐盐性，不耐强酸或强碱性土壤。苜蓿是需水量较多的牧草，每形成 1 克干物质需水约 800 克。土壤水分的多少，可影响苜蓿的饲用品质。水分适当可使苜蓿的酸溶性粗纤维和木质纤维降低，茎叶干物质消化率提高。但在地下水位高，排水不良，年降水量超过 1 000 毫米的地区一般不宜种植。苜蓿品种很多，应因地制宜，选择适合当地种植的最佳品种。

紫花苜蓿的营养价值很高,粗蛋白质、维生素和矿物质含量很丰富。一般含粗蛋白质 15% ~ 20%,相当于豆饼的一半,比玉米高1 ~ 1.5 倍,赖氨酸含量 1.05% ~ 1.38%,比玉米高 4 ~ 5 倍。

7. 澳大利亚一年生苜蓿

澳大利亚西部和内陆为典型的干旱地区,西部年降水量一般在 250 ~ 500 毫米,内陆一般在 250 毫米以下。为了适应干旱半干旱地区农牧业发展的需求,减少化肥投入,抑制土壤盐渍化,防止病虫害蔓延,促进粮草轮作,澳大利亚科学家精心选育了适应当地气候条件及轮作制要求,又能增加土壤肥力,保证有一定的产草量的牧草新品种——澳大利亚一年生苜蓿。这种具有作为牧草、绿肥和水保植被用途的作物,在澳大利亚农业可持续发展中发挥着较大的作用。

澳大利亚一年生苜蓿为须根系,一年生,可春秋季播种,播后60 ~ 100 天开花,每花可结 4 ~ 5 粒种子,果实为有刺或无刺的球形,种子为肾形,通过根系固氮每年可为土壤提供 70 ~ 80 千克/公顷氮素。春季产草量约为 10 吨/公顷。在草地改良或围栏放牧的草地上,可以与禾本科牧草混播,以提高草地的产草量。由于一年生苜蓿种子具有自繁能力,能够延长草地的使用年限和产量的稳定性。一年生苜蓿的适口性好,饲料价值较高,可以提高牲畜的生长量及其肉制品的品质。在农牧交错地带有广泛的推广价值。

8. 粮饲兼用玉米中原单 32 号

粮饲兼用玉米中原单 32 号,由中国农业科学院原子能利用研究所于 1991 年以齐 318 为母本,原辐黄为父本,经杂交选育而成,在中上等水肥条件下亩产为 500 ~ 800 千克。籽粒和秸秆营养丰富,是个优质的粮饲兼用品种。籽粒含粗蛋白 12.77%,粗脂肪4.28%,赖氨酸 0.28%,淀粉 68.12%,支链淀粉 47.86%,硒0.030 × 10^{-6};秸秆含粗蛋白 7.80% ~ 10.54%,脂肪 1.49%,粗纤维素 22.34% ~ 31.92% , 总糖 5.30% ; 吃青苞米, 甜、香、糯、口感好。在中上等水肥条件下, 比普通玉米品种每亩增产粗蛋白 50 千克以上。因此, 用中原单 32 号玉米作为饲料能显著地提高畜产品奶、肉、蛋的产量。

第六章　羊的繁育与饲养管理

一、绵羊的繁育及饲养管理

（一）绵羊的繁育

1. 绵羊的一般繁育机能

（1）性成熟　母羊生长发育到一定的年龄，第一次出现发情征状是性成熟，即初情期的到来。一般母羔第一次发情在 4~10 月龄，体重为成年羊体重的 40%~60%；公羔在 6~7 月龄就能排出成熟的精子，但精液很少，其中畸形精子和未成熟的精子多。

（2）发情和排卵　绵羊性成熟以后，每到发情季节就能见到发情现象，即发情母羊接近公羊，公羊追逐或爬跨时站立不动，食欲减退，阴唇黏膜红肿，阴户内有黏性分泌物流出。处女羊发情不明显，多拒绝公羊爬跨，故须做好试情工作，以便适时配种。母羊 1 次发情延续的时间称为发情持续期。一般为 30 小时左右。绵羊在一个发情期内，若未配种，或虽经配种而未怀孕时，隔 14~21 天再次出现发情。由上一次发情开始到下一次发情开始的时间，称为发情周期。母羊排卵一般都在发情后期。成熟卵排出后在输卵管中存活的时间为 4~8 小时。公羊精子在母羊生殖道内受精作用最旺盛的时间，一般为 24 小时左右。因此，在实际工作中，一般在早晨试情后，将挑出的发情母羊立即配种。

（3）繁殖季节与初配年龄　绵羊的繁殖季节，根据品种、地区、营养、性刺激的不同而有所不同，一般多在秋季和冬季。公羊没有明显的配种季节，但性活动能力秋季最高，冬季最低，精液质量秋季最高，春夏下降。母羊一般在 1.5 岁左右初次配种，春季生下的羔羊一般到第二年秋季配种。公羊一般在 1.5~2.5 岁初次配种。

注意不能过早配种。

（4）妊娠期　绵羊从开始怀孕到分娩的期间称为妊娠期或怀孕期，一般5个月左右。

2. 绵羊的合理配种

（1）配种时间　绵羊产羔有冬季产羔和秋季产羔两种情况。以妊娠150天计算，冬季（1～2月间）产羔者于前一年8～9月份配种；春季（3～4月份）产羔者，于前一年10～11月份配种。配种期要求膘情适中，发情整齐。

（2）配种方法　绵羊的配种方法分自然交配和人工授精两种。

自然交配包括自由交配和人工辅助交配两种。自由交配是将公羊放在母羊群中，让其自行与发情母羊交配，在公母比例适当的前提下，受胎率相当高。人工辅助交配是人工帮助配种，在公、母羊分群放牧情况下，于配种期间，先用试情公羊挑选出发情母羊，再与指定公羊交配。此方法既可增加每只公羊配种头数，又便于选配，还可以预测产羔日期。

人工授精是用器材将公羊精液输入到发情母羊的子宫颈内，使母羊受孕的方法。

人工授精是一种比较科学的配种方法。可充分利用优良种公羊，一只种公羊在一个配种季节，自然交配只能配25～30只母羊，采用人工授精能配500～1 000只母羊。可集中配种母羊，集中产羔，便于管理，提高羔羊成活率，能防止公母羊生殖器官疾病的互相传染，提高母羊受胎率，可有计划的选种选配，准确地掌握配种计划和做好配种记录。

（3）人工授精方法

①准备：在人工授精前，要做好准备工作，培训好配种技术人员，准备好人工授精器材和物品，准备一间简单的配种无菌室，存放器材和物品及精液。室内要求阳光充足，无异味，室温保持在18～25℃。做好种公羊的饲养管理及采精调教等。

②种公羊的调教方法：在饲养管理上，调教种公羊也是一项重

要工作。有一部分初次参加配种的公羊性反射不敏感,甚至不爬跨母羊,有的看见母羊就逃跑,因此必须加以调教,办法有以下几种:

A. 将公羊放入母羊群中,或混合于发情母羊群中,经过几天后当公羊爬跨母羊时,让其本交几次,然后隔开。

B. 用发情母羊的尿或分泌物涂抹在公羊的鼻子上,刺激性欲。

C. 按摩公羊睾丸,每日早晚各 1 次,每次 10～15 分钟。

D. 调整日粮,加强运动。

E. 注射丙酸睾丸素,每天 1 次,每次 50～70 毫克,连续注射 7 天,也能得到较为满意的效果。

F. 用 1 只公羊的精液涂抹在母羊的外阴部或另一只公羊的鼻端,这种方法效果也较好。

③采精:采精用的工具叫假阴道,具有同母羊阴道相似的条件,公羊在假阴道内射精然后收集起来。假阴道分内外两层,外层是硬胶皮圆筒,亦称外壳,长 20 厘米,直径 4 厘米,厚约 0.5 厘米,筒上有孔,孔上安有橡皮塞,塞上有气嘴。内层为薄橡皮筒,亦称内胎,长 30 厘米,扁平直径 4 厘米。安装时,先将内胎装入外壳并两端向假阴道两端翻卷,用橡皮圈束紧固定,松紧均匀,内胎展平。集精杯装在任意一端。

采精前,将假阴道装好并用 75% 酒精棉球涂抹内胎内腔,装上集精杯,用蒸馏水或温开水和 1% 生理盐水冲洗,再由小孔注入 50℃ 的热水 150～180 毫升,然后用消毒过的玻璃棒粘上一些消毒过的凡士林,涂在内胎内腔,要涂均匀,深度不超过假阴道的 2/3,通过小孔上的气嘴向小孔内吹气,使内胎向内腔鼓胀,但鼓得不宜太紧或太松,恰能装入公羊的阴茎为宜。假阴道内的温度也不宜太高或太低,以 40～42℃ 为宜。

采精时,一人保定母羊,采精员站在母羊右侧后方,右手持假阴道,待公羊爬上母羊背部伸出阴茎时,迅速将假阴道靠在母羊右侧骨盆部与地面呈 35°～40° 的倾斜度。左手托住公羊阴茎包皮,将阴茎伸入假阴道内,当公羊臀部向前猛一冲时,表示已经射精,公羊很快爬下,立即将假阴道竖立,打开气嘴放气,使精液流入集精杯,送室内检查。

采精后,假阴道外壳、内胎及集精杯,要洗净,选用肥皂、小苏打溶液或碱面水洗刷,再用过滤开水洗刷 3～4 次,晾干,下次再用。

④精液品质检查:为保证和提高母羊受胎率,采得的种公羊精液必须进行品质检查,最少在一个配种季节内检查 3 次,即配种季节开始、中期、末期。精液品质检查内容主要是色泽、射精量、密度和活力。

采得的精液倒入量精瓶后进行观察其颜色和量。一般正常公羊的精液呈乳白色或似豆浆色,很浓稠;1 次射精量为 0.5～2.0 毫升,1 毫升精液有 10 亿以上精子。精液密度分密、中、稀 3 种。用玻璃棒蘸取 1 滴原精液滴于载玻片上,盖上盖玻片,使精液分布均匀,放在 300～600 倍显微镜下观察。在视野里精子密布、没有空隙,称"密";精子之间基本无空隙或只能容纳一个精子的空隙,称"中";精子分布分散,空隙较大,超过一个精子的长度,称"稀"。"密"的精液才能用来输精。在显微镜视野中,100% 的精子呈直线前进活动者,精液活力评为 5 分;80% 的精子呈直线前进活动者,精液活力评为 4 分;60% 的精子呈直线前进活动者,评为 3 分;40%、20% 精子呈直线前进活动者,分别评为 2 分和 1 分。活力在 4 分以上的精液可用来输精。

⑤稀释:检查合格的精液,稀释后才可以输精。稀释精液的稀释液,常用的有生理盐水、牛奶、羊奶、奶粉、葡萄糖卵黄稀释液等。

奶汁稀释液:奶汁先用 7 层纱布过滤后,再煮沸消毒 10～15 分钟,降至室温,去掉表面脂肪即可使用。稀释液与精液等温以稀释 4～8 倍的量,沿瓶壁慢慢倒入精液内并轻轻搅动混合。奶粉卵黄稀释液:取奶粉 10 克,先用少量水调成糊状,再加蒸馏水至 100 毫升,溶化后纱布过滤,煮沸消毒,冷却后去掉表面脂肪,加入卵黄 10

毫升、青霉素 6 万单位、链霉素 10 万微克即成。

葡萄糖柠檬酸钠卵黄稀释液:将柠檬酸钠 1.6 克、葡萄糖 0.97 克、磷酸氢二钠 1.5 克、氨苯磺酰胺 0.3 克,溶于 100 毫升的蒸馏水中,煮沸消毒冷却至室温后,加入青霉素 10 万单位、链霉素 10 万微克、卵黄 20 毫升。

生理盐水牛奶稀释液:1% 氯化钠溶液 100 毫升,加牛奶 0.9 毫升,混合均匀。

生理盐水卵黄稀释液:1% 氯化钠溶液 99 毫升,加新鲜蛋黄 10 毫升,混合均匀。

⑥输精:输精前将洗干净的输精器用 75% 的酒精消毒内部,再用温开水洗去残余酒精,然后用适量生理盐水冲洗数次后使用;开膣器洗净后放在酒精火焰上消毒,冷却后外涂消毒过的凡士林;配种母羊置于固定架上,用 20% 的煤粉皂溶液洗净外阴部,再用清水冲洗干净之后,将开膣器轻轻插入阴道,轻轻转动张开,找到子宫颈,然后将装有精液的输精器通过开膣器插入子宫颈内 0.5~1.0 厘米处,轻轻按其活塞,把精液注入到子宫颈内,最后抽出输精器,闭合开膣器,转成侧向抽出,输精结束。将开膣器、输精器洗干净、消毒、保存,以备再用。

一般一只母羊输精 0.1 毫升,在稀释 4~8 倍时应增加到 0.2 毫升。

授精的方法及时间:绵羊授精一般推广横杠式输精架。方法是用一根圆木,距地面高度约 50 厘米,把输精母羊的后胁担在横杠上,前肢着地,后肢悬空,1 次 1 只或 10 余只母羊同时担在横杠上,这样输精比较方便。

输精前,将母羊的外阴部用来苏儿溶液消毒水洗擦干净。再将开膣器插入,寻找子宫颈口,将输精器前端插入子宫颈口内 0.5~1.0 厘米处,把精液推进去,先将输精器抽出,再抽出开膣器。

授精时间与受胎率,具有密切的关系。在群众中流传的"老配早,小配晚,不老不小配中间",是有科学道理的,也是实践经验的总结。

母羊发情持续时间普遍为 30 小时,如果单次授精应在发情开始后 30 小时前不久授精为最合适。

(4)使用冷精配种的意义

①能有效的改变家畜的交配过程,可以做到无畜配种,可以充分发挥优秀个体的作用。

②可以防止传染病的传播,特别是生殖系统疾病的传播。

③可以有目的地选择最优秀的种公羊参加配种,迅速扩大改良效果,这是迅速增加良种家畜和进行育种工作的有力手段。

④可以大量节约种公羊的饲养管理费用,提高经济效益。

⑤可提供完整的记录,并能防止近亲交配。

⑥可克服公、母羊体格相差太大,不易交配和生殖道异常不易受胎的困难。

⑦冷精可以长期保存,为后裔鉴定创造条件,做到优留劣汰。

⑧不受地区限制,可以长途运输,可以解决优秀种公羊不足地区的母羊配种问题。

(5)冷冻颗粒解冻液一般成分及解冻 柠檬酸钠 1.5 克,葡萄糖 2.5 克,果糖 0.1 克,加蒸馏水至 100 毫升。也可使用牛解冻液或维生素 B_{12},但效果稍微差一些。

取预先配制好的解冻液(如 3% 的柠檬酸钠)。取量以配羊只数的多少而定。注入灭菌的小玻璃试管内,用试管夹夹着,置于40 ~ 42℃温水中加温 1 ~ 2 分钟(恒温浴锅或水箱更好)。用消毒过的镊子夹取冷冻颗粒(依需要而定)投入其中,并缓缓摇动至溶化。

将解冻后的精液涂片,置于 37 ~ 38℃控温的显微镜下。评定具有正常直线前进的精子活率。精子活力符合输精要求者,即可用于输精。

3. 母羊的发情鉴定

发情鉴定是一重要技术环节。通过鉴定可以判断母羊发情是否正常,属何阶段,以便确定配种最适宜的时间,以期达到提高受胎率的目的。

发情时有外部特征、内部特征。内部特征特别是卵泡发育变化情况,才是本质的。在山、绵羊发情鉴定内部特征,目前尚没有什么好的办法,只有从外部特征加以鉴定。

影响母羊发情的内、外因素很多,例如气候、营养、年龄、季节等等,造成发情鉴定的复杂性。因此,发情鉴定必须综合影响的各种因素,仔细分析,才能准确判断。

发情鉴定方法多种多样:如询问羊主羊过去的繁殖情况,发情表现时间,外部观察,试情,阴道检查等。

(1)询问 要态度和气耐心询问羊主,什么时候开始发情的?有什么表现? 产过几胎? 产况如何? 以帮助我们发情鉴定工作的进行。

(2)外部观察 常用的方法是:观察母羊外部表现,精神状态,如兴奋不安,外阴部充血肿胀,黏液的量、颜色、黏性,排尿频繁,是否爬跨别的母羊,摆尾、鸣叫等情况及变化过程。

(3)试情 用公羊(输精管结扎)试情,根据母羊对公羊的表现,判断发情是较常用的方法之一。此法简单易行,表现明显,易于掌握,广泛用于各种家畜(尤其绵、山羊最常用)。试情公羊应健壮,无疾病,性欲旺盛,无恶癖,在大群羊多用试情方法,定期进行,以便及时发现发情母羊。在配种站应在配种前(输精前)进行。

(4)阴道检查法 是用开膣器观查阴道黏膜颜色、润滑度、子宫颈颜色、肿胀情况、开张大小,以及黏液的量、颜色、黏稠度等判断发情程度。此法不能精确判断发情程度(有时与阴道炎、子宫颈炎症状相似),已不多用,但有时可供发情鉴定作参考。

(5)其他 如直检法、电测法,不适用于母羊,故不作介绍。

4. 分娩接羔技术

(1)产羔前的准备 在产羔前应把分娩羊圈打扫干净,并进行彻底消毒,保持干燥和 10℃ 左右的恒温。要充分准备分娩栏及其他接羔用具和药品。

（2）接羔技术

①认真观察分娩征状：母羊临产时，骨盆韧带松弛，腹部下垂，尾根两侧下陷，乳房胀大，乳头下垂，阴门肿胀潮红，有时流出浓稠黏液，排尿次数增加；行动迟缓，食欲减退，起卧不安，不时回顾腹部或喜卧墙角等处休息，当发现母羊卧地、四肢伸直、努责、肷窝下陷时，应立即进入分娩栏。

②正常接产步骤：首先剪净临产母羊乳房周围和后肢内侧的毛，眼睛周围过长的毛也应剪短，然后用温水洗净乳房，并挤出几滴初乳。再将母羊的尾根、外阴部、肛门洗净，用1%来苏儿消毒。正常情况下，经产母羊羊膜破裂后几分钟至30分钟，羔羊便能顺利产出。分娩时一般先看到前肢的两个蹄，接着是嘴和鼻，到头露出后，即可顺利产出，不必助产。产双羔时，先后间隔5~30分钟，偶有长达10小时以上的。当母羊娩出第一只羔后，如仍有努责或阵痛，用手掌在母羊腹部前方适当用力上推检查是否有双羔，如触到光滑的羔体则系双胎，应准备助产。羔羊娩出后，先把口腔、鼻腔及耳内黏液掏出洗净，羔羊身上的黏液，让母羊舔净，如母羊恋羔性差，可把胎羔身上的黏液涂到母羊嘴上，引诱母羊舔干，如母羊仍不舔或天气较冷时，应用干草迅速将羔羊全身擦干。羔羊出生后，一般都是自己扯断脐带，等其扯断后再用5%碘酊消毒，人工助产娩出的羔羊可由助产人员拿住脐带，用手把脐带中的血向羔羊脐部顺捋几下，在离羔羊腹部3~4厘米的适当部位扯断脐带，并进行消毒。母羊分娩后，1小时左右胎盘会自然排出，应集中深埋。

③难产及假死羔羊处理：羊膜破水后30分钟左右，母羊努责无力，羔羊仍未产出时，助产人员应立即剪短、磨光指甲，消毒并洗净手臂，涂上润滑剂，对胎位不正时，可将母羊后躯垫高。将胎儿露出部分送回，手入产道校正胎位，再随母羊努责将胎儿拉出；胎儿过大，可将羔羊两前肢拉出再送入，这样反复3~4次，然后一手拉前肢，一手扶头，随着母羊的努责慢慢向后下方拉出，拉时用力

不宜过猛,免得拉伤。羔羊出现假死情况时,一种是提起羔羊两后肢,使羔羊悬空并拍击其背、胸部,另一种是让羔羊平卧,用两手有节律地推压胸部两侧。短时假死的羔羊,经过处理后,一般能复苏。因受凉而假死的羔羊,应立即移入暖室进行温水浴。水温由38℃开始,逐渐升到45℃,浴时应将羊头露出水面,严防呛水,同时结合腰部按摩,浸20～30分钟,待羔羊复苏后,立即擦干全身。

④产后母羊及初生羔羊的护理:产后母羊应注意保暖、防潮、避免贼风、预防感冒,并使母羊安静休息。产后1小时左右,给母羊适量饮水,一般为1～1.5升,水温应高些,切忌母羊喝冷水,体况较好的羊在产羔期稍减精料,以后逐渐恢复。羔羊出生后,接产人员首先护理羔羊尽快吃到初乳,缺奶者,应给它及时找保姆羊。

⑤需人工哺乳时,除注意配乳的浓度外,应严格消毒、定温、定量,多采用少量多次的办法。羔羊生下一般4～6小时排出黑褐色胎粪,如24小时后仍不见排粪者及时采取灌肠措施。

5. 提高绵羊的繁殖率的几种有效方法

(1)改善饲养管理条件 全年抓膘不仅能使母羊发情整齐,也能使排卵数增加。河南省饲养条件较差,针对细杂羊尤其是公羊实行短期优饲,加强营养,增强体质,促进性活动机能,提高受胎能力,避免空怀,从而提高繁殖率。

(2)提高适龄母羊在羊群中的比例 适龄母羊性机能活动力强,产羔率高,在羊群中要占40%以上的比例。

(3)再用小尾寒羊回交 河南省小尾寒羊经过10年的改良,已有75%的被改良为细杂羊,但是出现了羊毛偏细及小尾寒羊的多胎性能保留较少等问题,致使繁殖性能降低。再用小尾寒羊回交1次,既可提高其繁殖率,也可使羊毛细度恢复正常。

(4)选留多胎羔羊 羊的多胎性遗传能力很强,在群体选育过程中,多选双羔后代作为种羊,这是提高繁殖率的重要途径。

(5)淘汰不孕母羊 对第一年不孕的母羊应及时检查,找出原因加以克服,第二年仍然不孕应及时淘汰。

（6）在非种羊选育培育场、区,实行重复配、双重配和混合精液输精的办法,是提高繁殖率的一条非常可行的途径。

（7）使用激素、超数排卵、胚胎移植等新技术,也可提高绵羊繁殖率。

（二）绵羊的饲养管理

1. 各类绵羊的饲养管理要点

（1）种公羊饲养管理

①种公羊应有的营养状况及适合饲喂的饲料:要求种公羊在非配种期应有中等或中等以上的营养水平,配种期要求更高,应保持健壮、活泼、精力充沛,但不要过度肥胖。种公羊的日粮必须含有丰富的蛋白质、维生素和矿物质,应由种类多、品质好、易消化且为公羊所喜食的饲料组成。干草以豆科牧草如苜蓿为最佳。精料以大麦、大豆、糠麸、高粱效果为佳。胡萝卜、甜菜及青贮玉米、红萝卜等多汁饲料是公羊很好的维生素饲料。

②种公羊饲喂及管理要点:在配种间期,全日舍饲时,每天每头喂优质干草 2～2.5 千克,多汁料 1～1.5 千克,混合精料 0.4～0.6 千克。在配种期,每日每头喂青饲料 1～1.3 千克,混合精料 1～1.5 千克;采精次数多,每日再补饲鸡蛋 2～3 个或脱脂乳 1～2 千克。如能放牧,补饲料可适当减少,种公羊要单独组群。羊舍应注意避风朝阳,土质干燥、不潮湿、不污脏。应设草栏和饲料槽,确保圈净、槽净、水净、料净。平时要对每只公羊的生理活动,进行详细观察,作好记载,发现异常立即采取措施。配种期间,每日应按摩睾丸两次,每月称体重 1 次,修蹄、剪眼毛 1 次,采精前不宜喂得过饱。

（2）母羊的补饲

①怀孕母羊:怀孕前期（怀孕期前 3 个月）需要的营养不太多,除放牧外,进行少量补饲或不补饲均可。怀孕后期,代谢比不怀孕的母羊高 20%～75%,除抓紧放牧外,必须补饲,以满足怀孕母羊的营养需要,根据情况,每天可补饲干草（秧类也可）1～1.5 千克,

青贮或多汁饲料1.5千克,精料0.45千克,食盐和骨粉各1.5克。平原农区在不能放牧的情况下,除加强运动外,补饲料应在上述基础上增加1/3为宜。最好在较平坦的牧地上放牧。禁止无故捕捉、惊扰羊群,以免造成流产。怀孕母羊的圈舍要求保暖、干燥、通风良好。

②哺乳母羊:母乳是羔羊生长发育所需营养的主要来源,特别是生后的头20~30天。产羔季节,河南省正处在青黄不接时期,单靠放牧得不到足够的营养,应补饲优质干草和多汁料。羔羊断奶前几天,就要减少母羊的多汁料、青贮料和精料喂量,以防乳房炎的发生。哺乳母羊的圈舍应经常打扫、保持清洁干燥,胎衣、毛团等污物要及时清除,以防羔羊吞食生病。

(3)羔羊的培育 羔羊的培育是指羔羊断乳前(4周龄)的饲养管理。应掌握三个关键:一是,加强泌乳母羊的补饲。二是,及时做好羔羊的补饲。三是,对母仔要精心细致的照顾管理。

羔羊出生后数日宜留圈中,因此,母羊也应舍饲。随着羔羊日龄的增长,可开始随母羊放牧,开始时应距羊舍近一些,以后放牧距离可逐渐增加。羔羊半月龄后,可训练采食干草,1月龄后可让其采食混合饲料。为了避免矿物质缺乏,可在羔羊饲料中加入食盐和骨粉,最好在补饲栏中进行。一般羔羊除随母羊放牧外,15日龄每天补混合精料50~75克,1~2月龄100克,2~3月龄200克,3~4月龄250克。混合料以碾碎的豆饼、玉米为宜。干草以苜蓿、青野干草、花生秧、刺槐叶、柳树叶为宜。多汁料切成丝状和精料、食盐、骨粉混合在一起。但应当注意,羔羊随母羊放牧归牧时,羔羊鸣叫,母羊急于往羊舍狂奔,管理羊者一定要耐心,控制好母羊群,及时对号。补料结束后及时翻转饲槽,让羔羊随时饮清洁水。铺草要勤垫勤出,保持地面干燥,缺褥草时,可用干土、沙土或干粪代替。但要防止异食癖、卧食槽的恶习形成。羔羊到断奶年龄时应把母仔断然分开,把母羊移走,羔羊仍留在原来的环境中饲养。断奶后,单独组群,由有经验的牧工管理,定期驱虫和预防接种。

根据季节的变化,合理安排放牧管理日程,建立月称重和生长发育的测定记录。但进行种羊培育的场在羔羊2~3周龄时,要从全部羔羊中挑选出优秀个体,挑出后加强培育。

(4)育成羊的补饲　育成羊指断乳后到第一次配种的公、母羊,一般指5~8月龄的羊。一般情况下,断乳后不长时间即进入冬季,环境条件恶劣,必须注意加强草料的补饲,首先保证有足够的干草或秸秆吃。另外,每天补给混合精料200~250克,种用小母羊补500克,种用小公羊补600克。

羯羊可以定牧,哪里有好草哪里放牧,即使在坡上放牧,也要比母羊放慢些。要在羯羊中放几只公羊壮胆,防止惊群。另外在放牧过程中要注意饮水、喂盐、防狼、防蛇、防毒草。

(5)绵羊的肥育　绵羊的肥育有3种方法,即舍饲肥育、混合肥育、放牧肥育。舍饲肥育就是在初霜、牧草开始枯黄时,把不作种用的去势公羔、淘汰母羊、羯羊圈养起来,半放牧半舍饲,利用农区充足的农副产品、饲料加强补饲进行人工强度肥育,使其在短时期内增重10千克左右。到春节前屠宰,供应市场。放牧肥育方法,适应于有放牧条件的牧区,在青草季节,把不作种用的公羔先去势、驱虫、灭癣、修蹄,按老幼性别分群放牧,秋末冬初屠宰,这是最经济的一种肥育方法。混合肥育是,在浅山丘陵区,虽然有一定的放牧条件,但草质量不好,把前一段靠放牧没有把羊膘抓好的羊,秋季集中起来,补饲一些精料。经过短期强度肥育后屠宰。

绵羊肥育时饮水、喂盐及尿素的作用:

①饮水和喂盐:绵羊的饮水量多少,与天气冷热、牧草干湿都有关系。夏季一般每天可饮水2次。其他季节每天至少饮水1次。绵羊饮水以河水、井水或泉水为最好。每头绵羊每日需食盐5~10克,哺乳母羊宜再多些。为了减少补饲食盐的麻烦,可隔数日补食盐1次,把盐放在料槽里或捣碎掺在精料里喂。

②尿素的利用:羊瘤胃中的微生物能将尿素分解为二氧化碳和氨,并以氨和其他碳源为原料合成菌体蛋白,进而被羊体吸收利

用。尿素喂量一般每只每日8～12克,1日剂量分几次掺拌在混合料中饲喂,喂后不立即饮水;不要与含脲酶的豆科牧草混合,更不能单独喂用。在青贮饲料时,按每吨原料加入4～6千克尿素拌合均匀,以制作尿素青贮饲料,饲喂此种饲料效果最好。

(6)绵羊秸秆饲料配方举例

配方1:玉米55%,高粱6%,小麦14.3%,豆粕7%,麸皮9%,米糠7%,苜蓿粉4.3%,糖蜜5%,氨化玉米秸15%,碳酸钙2.3%,磷酸钙0.5%,食盐0.5%,添加剂0.2%。

配方2:玉米26%,高粱7%,小麦13.8%,豆粕12.5%,麸皮9%,米糠7%,苜蓿粉4.4%,糖蜜5%,微生物处理玉米秸10%,碳酸钙2.3%,磷酸钙0.3%,食盐0.54%,添加剂0.2%。

配方3:玉米35%,豆粕10%,麸皮20%,米糠12%,青贮玉米秸20%,碳酸钙2%,食盐1%。

配方4:玉米40%,小麦10%,豆粕15%,麸皮12%,次面粉10%,微生物处理玉米秸10%,贝壳粉1%,食盐1.5%,添加剂0.5%。

羔羊(绵羔)饲料混合精料配方:玉米60%、麸皮6%、豆饼20%、葵花饼5%、菜籽饼5%、磷酸氢钙2%、石粉1%、食盐0.8%、复合添加剂0.2%。饲喂量每头每天0.15～0.23千克,另加青干草0.5～1千克或青贮料1.5～2千克。

生长绵羊饲料混合精料配方:玉米65%、麸皮10%、豆饼5%、葵花饼10%、菜籽饼6%、磷酸氢钙2%、石粉1%、食盐0.8%、复合添加剂0.2%。每只每天饲喂量0.45～1.4千克,另加青干草1千克或青贮料1.8～2.7千克。

繁殖绵羊饲料混合精料配方:玉米55%、麸皮15%、豆饼10%、葵花饼10%、菜籽饼6%、磷酸氢钙2%、石粉1%、食盐0.8%、复合添加剂0.2%。每只每天饲喂量0.4～0.5千克,另加青干草1.5千克或青贮料5千克。

育肥绵羊饲料混合精料配方:玉米65%、麸皮10%、葵花饼

5%、棉籽饼 16%、磷酸氢钙 2%、石粉 1%、食盐 0.8%、复合添加剂 0.2%。每只每天饲喂量 0.34 ~ 0.77 千克,另加青干草 1.2 ~ 1.8 千克或青贮料 3.2 ~ 4.1 千克。

2. 绵羊的一般管理

(1)编号 多用戴耳标的方法编号。耳标用铝或塑料制成。有圆形、长方形两种,圆形最好。

(2)剪毛 细毛、半细毛和杂种羊的剪毛,以 1 年剪 1 次为正常。

①剪毛方法:首先把羊左侧卧在剪毛台或席子上,羊背靠剪毛员。剪毛从右后肋部开始,由后向前,剪掉腹部、胸部和右侧前后肢的羊毛。然后,翻转羊只,使其右侧卧下,腹部向剪毛员。剪毛员用右手提直绵羊左后腿,从左后腿内侧到外侧,再从左后腿外侧到左侧臀部、背部、肩部、直至颈部,纵向长距离剪去羊体左侧羊毛。第三步,使羊只坐起,靠在剪毛员两腿间,从头顶向下,横向剪去右侧颈部及右肩羊毛,然后用两腿夹住羊头,使羊只右侧鼓出,再横向由上向下剪去右侧被毛。最后检查全身,剪去遗留下的羊毛。

②剪毛注意事项:剪毛应均匀地贴近皮肤,把羊毛 1 次剪下,留茬应低,不要重剪。不要让粪土草屑等混入毛被,毛被保持完整。剪毛动作要快,时间不宜拖得太长。翻羊动作要轻。尽可能不要剪破皮肤,万一剪破皮肤要及时消毒、涂药或进行外科缝合。

(3)药浴 药浴是防治绵羊外寄生虫病,特别是羊疥癣病的有效措施,可在剪毛后 10 天左右进行。

①常用的药浴液除 0.05% 的辛硫磷水溶液外。也可用石硫合剂。其配方是生石灰 7.5 千克,硫黄粉末 12.5 千克,用水拌成糊状,加水 150 千克,煮沸,边煮边拌,煮至浓茶色为止。弃去下面的沉渣,上边的清液是母液。在清液内加入 500 千克温水即成。

②药浴方法:分池浴、淋浴和盆浴 3 种。一般采用池浴和盆浴。池浴是让羊慢慢走过浴池,浸湿全身;盆浴是用人工将羊在盆

里进行药浴。

③药浴注意事项:第一,药浴应选择暖和无风天气。第二,羊群药浴前 8 小时停喂停牧。药浴前 2~3 小时给羊充分饮水。第三,药浴液温度应保持在 30℃左右。第四,先浴健康羊,后浴病羊,防止药液侵蚀工作人员手臂和中毒。

(4)蹄病防治　发现蹄趾间、蹄底或蹄冠部皮肤红肿,分泌有臭味的黏液或跛行时,应及时检查和治疗。病情轻者可用 10% 的硫酸铜溶液或 10% 甲醛溶液洗蹄 1~2 分钟,或用 2% 的来苏儿溶液洗净蹄夹并涂以碘酒。

(5)驱虫　易感染且为害最大的寄生虫有胃虫、肠结节虫、绦虫和肝蛭等,驱虫方法如下:

①胃虫:灌服 1% 硫酸铜溶液。把 1 份硫酸铜放入 100 份过滤开水中,充分振荡,使之完全溶解。药液当天配当天用,灌服时振荡均匀,防止发生沉淀使羊中毒。也可喂服龙香末驱胃虫。成年羊 1 次服 20~25 克,羔羊减半,加适量温水灌服;投药前停止放牧,服后 1~2 小时内不饮水,1~2 天内不喂精料。

②肠结节虫:可口服敌百虫,或 1% 甲醛溶液灌肠,后者大羊用 1 500~2 000 毫升,羔羊减半。

③绦虫:把 1% 硫酸铜溶液和 1% 烟草浸液等量混合,大羊喂 80~100 毫升,羔羊 30~50 毫升;硫双二氯酚,每千克体重 0.1 克灌服,或混入饲料中饲喂亦可。

(6)羔羊的断尾和去势　羔羊断尾多在 2~3 周龄时进行。断尾时,把断尾铲烧至暗红程度即可,要边切边烙,勿切快,这样做,兼有消毒作用,断尾后不易出血。断尾时还需要一块在边上留有小圆孔的木板,以便将羊尾套进并压住。避免断尾铲烫坏肛门或阴户。板的厚度要适当,根据所留尾根的长度决定。

去势时,一人保定羔羊,使其腹部向外,另一人先将阴囊上的长毛剪掉,然后左手拉住阴囊底部,右手用利刀自下 1/3 处将阴囊切开,挤出睾丸,拉断精索,涂碘酒即可。

刚断尾和去势的羔羊,应暂留圈中,等再作 1 次检查,如发现出血过多,应重作止血和消毒。

二、山羊的繁育及饲养管理

(一)山羊的繁育

1. 性成熟

山羊的性成熟年龄一般较绵羊早。许多品种的羔羊于 3 月龄左右就出现性活动现象,公羔爬跨,母羔发情。早熟品种应于 2 月龄时将公羔和母羔分群喂养。

2. 发情及性周期

性成熟的山羊每隔一定时间发情 1 次。母羊发情时,精神不安,食欲减退,咩叫,寻找公羊或爬跨别的山羊,尾巴不断摇摆,阴唇红肿。初期阴户分泌少量透明黏液,中期黏液更多,末期黏液稠如胶状,如牵公羊接近母羊。母羊后肢分立,接受交配。山羊的发情主要出现在春秋两季,以秋季比较集中,部分山羊品种常年发情。山羊的发情持续期为 24~48 小时,发情周期一般为 15~20 天,其中奶山羊为 19~20 天、槐山羊为18~20 天。

3. 配种

通常认为,幼龄山羊的体重达到成年羊体重的70%时,即为适宜的初配年龄。一般说来,早熟品种的初配年龄可在6~12 月龄,晚熟品种则在 1.5 岁左右。小公羊在体格发育比较好时,6~10 月龄便可承担轻度配种任务。配种季节的安排,以春、秋两季为好。一般来说,年产一胎的母羊,宜在 10 月下旬配种,来年 3 月下旬产羔;年产两胎的母羊,第一胎宜在 10 月初配种,来年 3 月初产羔。第二胎 4 月底配种;两年三产的母羊,第一胎宜在 11 月初配种,来年 4 月初产羔,第二胎宜在 8 月初配种,第三年 1 月初产羔,第三胎在 3 月配种。在生产中可根据具体情况,灵活运用。最适当的配种或受精时间,一般在母羊发情后 12~24 小时。

山羊的配种方法与绵羊的配种方法一样,不再赘述。

4. 妊娠与分娩

母羊配种后是否怀孕,要到 2 个月后通过检查才可确认。妊娠检查应在早晨空腹时进行。检查者将母羊的头颈夹在两腿间,弯下腰两手从羊体左右两侧放在母羊腹下乳房的前方,将腹部轻轻托起,左手将羊的右腹部向左轻推,就能摸到胎儿。60 天以后的胎儿在触摸时可摸到较硬的小块。分娩症状、助产方式与绵羊相同。

5. 接羔及羔羊护理和培育

接羔技术与绵羊同。羔羊生后半小时到 1 小时左右,即应让羔羊吃上初乳。初乳又称胶奶,是指母羊产后最初 7 天内生产的鲜奶,是新生羔羊不可缺少的非常理想的天然食物。

奶用品种的羔羊,在经过 7 天的初期哺乳后,应与母羊分群管理,羔羊实行人工哺乳。在实行人工哺乳时,每天给奶总量不超过羔羊体重的 8% 为宜,分 3～4 次瓶饲或盆喂,也可采用营养价值高的代乳品。要及早训练羔羊采食精料和优质干草。进行人工哺乳,要掌握以下技术要点:

(1)羔羊训练 人工哺乳的羔羊在开始时都要经过训练才能习惯。方法是,用盆饲,饲养员须将手指甲剪秃,洗净手,喂奶时,一手固定羔羊头部,另一手的食指沾上乳汁,并弯曲放入奶盆,指尖露出奶面,让羔羊吸吮沾有乳汁的指头,并慢慢将其诱至乳汁表面,使其饮到乳汁。这样训练几次羔羊便会习惯。

(2)定时 羔羊初乳期后到 40 日龄,每日喂奶 4 次,每隔 3 小时左右 1 次。40～70 日龄每日喂奶 3 次;70～90 日龄每日喂奶两次;之后减为 1 次,直到 4 月龄时断奶。要把不同阶段的具体饲喂次数和饲喂时间列出一日程表,并按表中规定的时间严格执行。

(3)定量 羔羊的喂奶量以满足其营养需要量为原则。开始人工喂奶时,每次以 200～250 毫升为宜,随着羔羊年龄的增长,每日喂奶量由最初 800 毫升增加到最大需要量时的 1 500 毫升,但到

70 日龄后,在羔羊逐渐习惯采食精料和干草的情况下,喂奶量逐渐减少。

(4)定温 喂羔羊的鲜奶,温度必须保持接近或略高于母羊体温,以 38 ~ 42℃ 为宜。

(5)定质 喂羔羊的奶必鲜新鲜、清洁,以刚挤出的鲜奶为最好。但在用奶盆分配奶时,要充分搅动,使奶中乳脂分布均匀。

(6)喂后擦净 每次喂奶后,要用清洁毛巾擦净羔羊嘴巴上的残留乳汁,以防羔羊互相舐食引起疾病。每次用过的毛巾应洗净晾干。

为了使羔羊健康成长,应尽早训练它们采食干草和精料,一般生后 15 天开始训练,喂量以能够完全消化为限,忌用变质草料。在活动场所要放置盛有清洁水的水槽,供羔羊随时饮用。

(二)山羊的饲养管理

1. 山羊的舍饲

舍饲又叫圈饲或圈养,是将羊只固定舍内喂养的一种饲养形式。这种饲养形式的优点是可以按照羊的不同生长阶段进行科学饲养和管理,掌握生长发育规律,以便有利于对羔羊进行定向培育和有目的提高山羊的产奶量。

搞好山羊舍饲要进行合理的配料与补饲,掌握定时定量的饲喂方法,保持畜舍环境清洁卫生等。做到既能满足羊的营养需要,又有一个安静舒适的环境,发挥舍饲的最大经济效果。

2. 给饲与补料方法

(1)补料 羊在舍饲时间的营养物质,主要靠人工添加来补充。因此,在日粮中,除给以足够的青草和干草外,还应根据不同的情况,补喂一定数量的混合精料,以及钙、磷和食盐等矿物质饲料,使之满足对营养物质的需要,维持体质的健康。

(2)给饲方法与饮水 喂饲方法,应按日程规定进行。一般每天应喂给 3 ~ 4 次。要求先喂粗饲料,后喂精饲料;先喂适口性较差的饲料,后喂适口性好的饲料,使之提高食欲,增加采食量。粗料应放入草架中喂给,以免浪费饲料。还要供给充足的饮水,每天饮水次数一般不少于2~3次。

(3)山羊饲料配方举例

种羊混合精料配方:种公羊混合精料配方:玉米53%、麸皮7%、豆粕20%、棉籽饼10%、鱼粉8%、食盐1%、石粉1%,精料中干物质含量为88.0%、粗蛋白质22%、钙0.9%、磷0.5%,每千克干物质含代谢能11.05兆焦。非配种期公羊每天每只的混合精料喂量为0.5~0.6千克,分两次饲喂。配种期混合精料的喂量为0.8~1.0千克,分4次饲喂。粗饲料的喂量为1.6~1.8千克(草粉1.4千克)。

种母羊混合精料配方:玉米60%、麸皮8%、棉籽饼16%、豆粕12%、食盐1%、磷酸氢钙3%,精料中干物质含量为87.9%、粗蛋白质16.2%、钙0.9%、磷0.8%,每千克干物质含代谢能10.54兆焦。舍饲种母羊的日粮混合精料喂量为0.5~0.7千克,每天两次,粗饲料喂量为1.6~1.7千克(草粉1.2千克),日喂4次,饮水不限。

羔羊混合精料配方:玉米55%、麸皮12%、酵母饲料15%、豆粕15%、食盐1%、鱼粉2%,精料中含干物质含量为88.0%、粗蛋白质20.6%、钙0.3%、磷0.4%,每千克干物质含代谢能11.12兆焦。羔羊混合精料的喂量随年龄的增长而增加,20日龄到1月龄每只羔羊的日喂量为50~70克,1~2月龄为100~150克,2~3月龄为200克,3~4月龄为250克,4~5月龄为350克,5~6月龄为400~500克。羔羊的粗饲料为自由采食。

3. 舍饲的管理方法

羊的舍饲管理,每天应打扫羊圈1~2次,刷拭羊体1次,以保持羊舍和羊体的清洁卫生。热天要经常敞开门窗,使舍内光线充足,空气流通,以及定期做好羊舍内外的卫生消毒和灭蝇、杀蚊等工作,以防疫病传播。对羔羊、育成羊应加强培育管理,对种公羊和带仔的母羊,应分圈单独喂养。如属半舍饲式养羊,每天应有 2～3 小时的近距离放牧时间,以增加羊只活动量和采食量。

(三)奶山羊的泌乳规律与饲养

1. 奶山羊的泌乳规律

奶山羊的泌乳期一般为 9～10 个月;第一胎产奶量与其终生产奶量有显著相关。在正常饲养条件下,绝大多数奶山羊以第三胎产奶量最高(2～5 胎),母羊出现产奶高峰在产后 40 天左右(20～60 天),下降也快;高产奶山羊泌乳高峰出现较晚,在产后 40～50 天,下降也慢。总之,奶山羊泌乳期产奶量规律是:第 2～3 泌乳月产奶量最高,以后逐渐下降,但下降的快慢程度与母羊的营养状况、饲养水平、气候的变化因素有关。

乳脂率的变化规律与泌乳量正好相反,分娩初期乳脂率高,可达 8%～10%,随着泌乳量增加,乳脂率下降。泌乳高峰时,乳脂率降至最低值为 3%～4%,到泌乳末期泌乳量显著减少时,乳脂率又稍有增高。

2. 奶山羊的日粮配合

列出奶山羊的混合精料配方。青年羊、成年母羊的饲养标准见表 6-1、表 6-2。

甲种混合精料配方:玉米 50%,豌豆 20%(或油渣 20%),小麦麸 25%～30%。

乙种混合精料的配方:玉米 80%,豌豆 20%(或油渣 20%)。

每 100 千克混和精料,加食盐 3 千克、骨粉 2 千克。

表 6-1　青年羊的饲养标准　　　　　　　单位:千克

体重	干物质	可消化蛋白质	可消化养分总量	惯用日粮	
				青粗饲料	精料
22～28	0.6～0.7	0.06～0.07	0.42～0.52	优质青野草 2.50	甲种精料 0.25
30～40	0.8～0.9	0.09～0.10	0.56～0.6	优质青野草 3.00	甲种精料 0.30

表 6-2　成年母羊(体重 50 千克)的饲养标准

奶羊情况	干物质	可消化蛋白质	可消化养分总量	惯用日粮	
				青粗饲料	精　科
维持饲养	1.25	0.05	0.61	①优质青野草 4~5 ②优质干野草 1~5	
每产奶 1 千克需要的养分	0.50	0.05	0.30		
日产奶 1 千克者	1.5~1.7	0.10	0.91	①优质青野草 7 ②干花生蔓 1 红薯蔓青贮料 2(或玉米上梢青贮料 2)	玉米粉 0.25
日产奶 2 千克者	1.8~2.0	0.15	1 20	①优质膏野草 7 ②干花生蔓 1 或优质干野草 1 红薯蔓青贮料 3 乙种精料 0.50	玉米粉 0.30
日产奶 3.5 千克者	2 2~2.5	0.225	1.50	①优质青野草 8 ②干花生蔓 1 或优质干野草 1 红薯蔓青贮料 4	乙种精料 0.75 乙种精料 1.00

3. 饲喂奶山羊的规则

(1)掌握耐心细致,定时定量,清洁卫生的原则　饲喂奶山羊要耐心细致,饲槽和草架应当按需要设置,草料和饲具要保持清洁卫生。饲喂干草或其他青粗饲料要做到少添多次。

(2)要严格按照工作日程的规定饲管奶山羊　奶山羊的习惯性很强,在生产实践中,可以根据生产的需要,调教和训练奶山羊形成良好的条件反射,制订出科学合理的工作日程,管理人员则应按照日程的要求,在规定的时间内,保质保量地完成所规定的工作任务。

(3)饲喂奶山羊的饲料都应进行必要的加工调制　一般对谷物精料须先磨碎,喂前加入一定量的水,拌匀潮软。青干草最好切

4 厘米长,青草 8 厘米长,青贮料要解冻,块根料要洗净切成小块。这样加工后,利于奶山羊采饲料利用率。饲喂次数和顺序应按一定要求进行:挤奶期间,每天饲喂次数一般与挤奶次数相同,并于挤奶前喂给;块根料和青贮料每天分两次喂给;干草、青草每天可喂苜蓿等豆科青草,但不要在晚间休息前饲喂,以免发生不良后果。每次饲喂草料的顺序,一般按先精料,再多汁饲料,最后喂干草的次序进行;有时候,也可先喂干草,再精料,最后喂多汁饲料。每次饲喂时,必须将饲槽中剩余的饲料清除干净,再投喂第二种饲料。

(4)保证奶山羊充足的饮水 春、夏、秋三季应在运动场内设置饮水槽或其他饮水设施,保证随时有清洁的饮水供应,或者每日定时饮水 2~3 次;冬季可在羊舍内供水,每日 1~2 次,并将水温加热到 18℃左右。

(5)饲料变更 饲喂奶羊的饲料种类发生变更时,应当实行逐渐过渡的原则。

(6)随时观察羊只的采食和营养情况 饲管人员在观察情况的同时,要结合产乳能力,适当调节精料的喂量,发现病羊及时治疗。

4. 母羊的饲养

(1)怀孕母羊的饲养 一般奶期长的母羊,怀孕的前两三个月营养要求不高,正常饲养。怀孕后两个月胎儿增重很快,对营养物质要求数量多、营养全面。此时由于经过长期的产奶和胎儿的生长,母羊体内消耗很多养分,所以这时候应给母羊停奶,给它休息和恢复的时间,喂给富有蛋白质、维生素、矿物质的饲料,以补充体内营养物质的消耗,保证胎儿的发育,为产后多出奶打好基础。

(2)产奶母羊的饲养 产后 7 天内,必须给以清洁的饮水,容易消化的干草和少量的精料。7 天以后逐渐增加,至半个月后可恢复正常。30 天以后产奶量逐渐进入高峰期,要在原有饲料的基础上增加一些进行催奶。具体什么时候加,加多少,要看母羊体质、产奶量、消化情况决定。无论过早过晚更换,或者多少不当,不但不多产奶,还会招来疾病。每产1公斤奶须喂给配合料200~400克,而且蛋白质须从饲料中得来,所以此时要设法满足要求,如豆饼、花生饼、豆渣、优质干草物美价廉,应充分利用。另外保证有充足的饮水、矿物质、维生素的补充,这一点也是不容忽视的。

(四)山羊的一般管理技术

1. 挤奶

挤奶是奶山羊生产中的一项重要工作。

(1)挤奶操作规程和方法 奶山羊在产羔后,应将其乳房周围的毛剪去,挤奶员的手指甲修秃,然后按如下程序进行:

①挤奶必须定时,每次挤奶时按一定的先后顺序进行,不要随意更换挤奶员。

②引导奶羊上挤奶台:初调教时,台上的小槽内要添上精料,经数次训练调教后,每到挤奶时间,只要呼喊羊号或其"名字",奶羊会自动跑到挤奶台上。

③擦洗和按摩乳房:羊上台后,先用热水毛巾(40~50℃)擦洗乳房和乳头。再用干毛巾擦干,然后按摩乳房,即两手托住乳房,先左右对揉,后由上至下按摩。动作要轻快柔和,每次揉3~4回即可。

④按摩后开始挤奶:最初挤出的几滴奶不盛入奶桶。挤奶方法有滑挤法和拳握法(或称压挤法)两种。乳头短小的个体采用滑挤法。即用拇指和食指捏住乳头基部从上而下滑动,挤出乳汁(见图6-1)。对大多数乳头长度适中的个体必须用拳握法,即一手把持乳头,拇指和食指紧握乳头基部,防止乳头管里的乳汁回流,然后依次将中指、无名指和小指向手心压缩,奶即挤出。挤奶时两手同时握住左右两侧乳房一上一下地挤或两手同时上下地挤,后者多用于挤奶临结束时。挤奶动作要切实轻巧,两手握力均匀,速度一致,方向对称,以免乳房畸形。当大部分乳汁挤出后,再两手同时上下左右按摩乳房数次,然后再挤,这样反复数次,直至乳房中

的乳汁挤净为止。奶挤完后,要将奶头上残留的乳汁擦净。

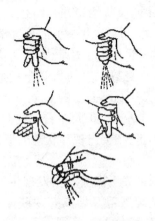

滑挤法挤奶　拳握法挤奶

图6-1　挤奶方法

　　(2)挤奶次数　乳用母羊产羔后,羔羊应隔离进行人工哺乳。奶羊每天挤奶次数,随产奶量而定,一般每日2次;产奶量5千克左右的羊每日3次;产奶6~10千克的,每日4~5次。各次挤奶的间隔以保持相等为宜。

　　(3)乳房保护　奶羊产奶期间,若发现乳房皮肤干硬或有小裂纹时,应于挤奶后涂一层凡士林,如有破损应涂以红汞或碘酒,如有红肿或发热症状,则应及时治疗。

　　2. 刷拭

　　刷拭最好用硬的鬃刷或草刷,不要用铁篦去刮。奶羊每天刷拭1~2次,刷拭要彻底、周到。从前到后、从上到下,一刷挨一刷地刷,每刷要先逆毛后顺毛。刷拭应在喂后、挤奶后进行,以免污染饲料和奶品。

　　3. 去角

　　一般为便于管理、挤奶,舍饲的山羊应在生后5~10日龄去角。方法是:一人保定羊羔,不让跳动,另一人施行手术,先按住头部,用手触摸长角部位,当感觉到有一硬的突起便是角基部,然后将该处的毛剪掉,周围涂一圈凡士林,以防去角药物损伤更多皮肤或流入眼中。取苛性钠(或苛性钾)棒一支,一端用蜡纸或脱脂棉包好,以防腐蚀人手,另一端露出一小部分并蘸上水,然后在剪过毛的角基突起部位稍加压力进行擦摩,先由外向内,再由内向外旋转涂擦,用力要均匀,反复数次直到角基出现血迹为止。擦完后,在角基处撒上止血消炎粉。刚去角的羔羊应单独管理2~4小时,待伤面干燥后放回原群,一般10天左右痂皮脱落即愈。如果涂药不匀、不彻底或位置不正,则会出现片状等畸形角。

4. 抓绒和剪毛

适时抓绒,对产绒量关系极大。当发现头部、耳根的绒毛开始脱落,或者拨开被毛发现绒毛开始离开皮肤或从皮肤上能轻轻取下时,即为适宜的抓绒时间。

抓绒前12小时不让羊吃草饮水,并保持羊体干燥。抓绒时,先用稀梳顺毛由前到后,由上而下地将粘在毛上的草芥、粪块轻轻梳掉,再用密梳逆毛而梳,其顺序由股、腰、背、胸到颈肩部。抓绒后经过1周时间,即可剪毛,办法与剪绵羊毛相同。

5. 运动

适当运动是保证羊体健康的重要因素之一,对舍饲山羊更为必要。每天坚持4小时左右即可。无放牧条件时,则每天应驱赶运动1~2小时,保证一定距离的运动量。

6. 其他

山羊的主要管理内容还包括修蹄及蹄病防治、去势、编号、药浴等,这些在绵羊的管理中已经有所阐述,山、绵羊相同,可以参考。

三、肉羊的繁育和育肥技术

(一)肉羊的选种及杂交改良

1. 肉羊的选种

种羊的好坏直接影响其后代的生产性能。选择种羊是为进一步提高羊群质量及生产性能,提高羊群的生产力。肉羊的选种主要根据个体本身、后代品质、血统及其生产性能几个方面来进行。

(1)品种的选择 选择用于肉羊生产的品种应当具备以下几个特点,即性成熟年龄早、发情期较长、产羔率较高、母羊泌乳性能强、羔羊生长发育快、肉用性能好、饲料报酬高等。为此,建议致力于开发肉羊产业者和希望养肉羊者,根据自己拥有的母本羊群的情况和生产条件,选择合适的品种作为杂交父本。

(2)个体的选择 对于肉用种羊的选择可以从生产性能和体型外貌两方面来评定。在鉴定和选择肉用种羊时,可按以下安排和做法来进行。

①1月龄内羔羊的鉴定和选择:主要从以下几点来评定:

出生重的测定:羔羊出生重,除作为反映母羊妊娠后期饲养水平的指标外,还可作为估测其母亲泌乳力的基础数据之一。一般在羔羊出生毛干后立即进行测定。

1月龄羔羊重的测定:羔羊生后30日±5日龄期间,成批测定羔羊个体体重,作为估测母羊泌乳能力的1个基础数据。

1月龄羔羊平均日增重的测定:1月龄羔羊的平均日增重,既可反映母亲泌乳能力的高低,又表明羔羊本身生长发育情况。其算法为:

平均日增重(克)=(末重-初重)÷此期哺乳天数。

凡1月龄平均日增重达到规定指标的羔羊,才可以编入系谱登记到种用群,否则被划入经济群用于育肥产肉。

畸形羔羊的观察及评定:羔羊在出生后1月龄内,观察有无畸形及其种类并如实记录。畸形羔羊一律不得选入种用群。

②2月龄体重的测定:一般在70日龄左右进行。达不到要求的,原则上不列入本场的种用群继续培育。

③4月龄体重的测定:一般在100~120日龄期间结合体型、外貌评定一并进行。每一品种留作种用的公、母羊的4月龄体重均应达到品种标准。

④体型外貌的评定:主要根据品种及肉用类型特征来进行。一般采用记分法。评定时按以下几点进行:a. 总体综合评定。满分34分。主要包括羊体大小、体型结构、肌肉分布及附着状态、骨皮毛表现的评定。b. 头、颈部评定,满分记7分。按品种要求,口大唇薄给1分,面短细致给1分,额宽、丰满给1分,耳细灵活给1分,颈长适中、颈肩结合良好给2分,不足者酌情扣分。c. 前躯评定,满分记7分。按品种要求,肩部丰满、紧凑、厚实给4分,前胸宽、丰满厚实、肌肉直达前肢给2分,前肢直立、腱短且距离宽、胫细给1分。d. 体躯评定,满分记27分。按品种要求,正胸宽、深和胸围大给5分,背宽、平、长度中等且肌肉发达给8分,腰宽长且肌肉丰满给9分,肋开展且长、紧密给3分,肋腰部低厚且在腹下成直线给2分。不足者酌情扣分。e. 后躯评定,满分记16分。按品种要求,腰光滑、平直、腰荐结合良好而开展的给2分;臀部长、平且宽达尾根记5分,大腿肌肉丰厚和后裆开阔给5分,小腿肥厚成大弧形给3分,后肢短直、坚强、胫细给1分。

⑤产肉性能的测定:大多对有希望定为推荐级的4月龄后备种用小公羊进行,且送交专门测定站测定。送交测定的公羔羊具备的条件:品种、亲系清楚,母亲繁殖指数符合品种要求,体型外貌评分达60分以上,其他品质符合品种标准。

测定项目:包括进站体重,定期(45天)饲养结束时体重,消耗的草、料量。

⑥母亲的繁殖指数:

繁殖指数 = 产出和育活羔羊成绩 ÷ 饲养月数/12 月 ×100%

产出和育活羔羊成绩 = (生产羔羊数 + 育活羔羊数) ÷2

饲养月数 = 到产该测定公羔为止其母亲的月龄 −4 个月

⑦送测公羔羊种用等级确定和使用:经产肉性能测定,增重达到品种标准者,可定为种用羊,可用于人工授精的配种。

⑧种母羊等级划分:种母羊多由羊场按品种羊的生产和性能标准自己选育和划分其种用参考等级。

2. 肉羊的杂交改良

在肉羊生产中,常运用杂交繁殖方法,以提高生产性能和改善品质。根据目的不同,杂交方法有级进杂交、育成杂交和经济杂交。

(1)级进杂交　又称改造杂交。方法是用改良品种种公羊与本地被改良品种种母羊杂交,获得第一代后,再与同一改良品种的另一种公羊交配,如此级进 3～4 代,基本上达到改良品种水平。

(2)育成杂交　分为简单育成杂交和复杂育成杂交。简单育成杂交是指通过两个品种的杂交育成新品种。由于这种方法用的品种少,杂种遗传基础相对比较简单,获得理想型和稳定遗传性较容易,培育速度快,成本低。

(3)经济杂交　它是利用两个品种(品系)杂交,所得一代杂交品种全部供商品用或在一代杂种母羊基础上,再用第三品种作父本与之杂交。此方法主要用于肥羔生产。

(二)肉羊繁育技术

肉羊业生产中,如何提高羊群的繁殖力是至关重要的。羊群繁殖力的高低是提高羊群质量,增加养羊效益的必要条件。对于现代肉羊业,要有效提高肉羊的繁殖性能,就要在种羊选择、培育、科学管理、受精、准胎、羔羊育成等方面采用最新技术。

1. 提高公羊的繁殖力

公羊的繁殖力主要表现在交配能力、精液的质量及数量、公羊本身具有的遗传力。

(1)挑选繁殖性能高的种公羊　公羊的繁殖力影响到其后代。父代公羊繁殖力高,其后代公羊的繁殖力就高,经多产性选择的公羔,含有较多的促黄体素(LH),而睾丸生长差异,主要取决于促黄体素的作用。因此,睾丸的大小是作为多产性最有用的早期标准。大睾丸公羊的初情期比小睾丸公羊的初情期早。同时,阴囊围大的公羊,其交配能力也强。

在选留公羔及年轻公羊时,应注意在不良环境下抗不育性的选择,因为在差的环境条件中更易显示和发现繁殖力高的种羊。要选留品质好、繁殖力强的种公羊,以提高羊群遗传素质。

选留公羊,除要注意血统、生长发育、体质外型和生产性能外,还应对睾丸情况严加检测。凡属隐睾、单睾、睾丸过小、畸形,都不能留种。

检查精液品质要经常化,主要包括 pH 值、精子活力、密度等。长期性欲低下,配种能力不强,射精量少,精子密度小、活力差,畸形精子多,受胎率低等,都不能作为种羊使用。

(2)科学的调教管理 主要是繁殖前进行训练、调教。本交时,公羊、母羊数目比应在 1∶50 内,即每只公羊与配母羊不超过 50 只,配种前每隔 20 天检查睾丸 1 次,在配种 3~6 周前剪毛。配种时,每天采精 1 次,隔周休息 1 次。

(3)均衡的饲养 种公羊在非配种期应有中等或中等以上的营养水平。配种期营养要求要更高,保持健壮的体况,精力充沛,又不过肥。一般在配种前一个半月就要加强营养和科学的饲养管理,依据配种期间的饲养标准进行饲喂。

一般在配种期,每天必须增补 500 克以上的精料。实践证明,种公羊获得充足蛋白质时,性机能旺盛,精子密度大,母羊受胎率高。种公羊在配种期可每天补精料 500~900 克,供青饲料 1.0~1.3 千克,干草适量,全年补给骨粉平均日量 10 克、食盐 15 克,每日再补给鸡蛋 1~2 个。公羊在采精前不宜吃得过饱,精料每天至少分 3 次喂给。

提高公羊的繁殖力应从多处着手,采用先进技术来提高其繁殖性能。

2. 母羊的选择及饲养

要达到高效繁殖,母羊的选择也相当重要。同一品种母羊平均排卵达 2 个以上时,不同个体会有 1~6 个卵子数量差异,这就要求我们要选择排卵多的母羊个体。一般情况下,第一胎产双羔的母羊其后代繁殖力也高,所以,选留母羊作种用时应选择第一胎产双羔和头 3 胎产多羔的母羊个体。家系选择也是留种的一种选择方法。对罗曼诺夫实行多胎选种,以出生时分别是单、双、三和四羔的母羊作种用,其产羔率分别为 217%、236%、301%,所以通过选择多产母羊,可增加羊群的多产基因。

有资料报道,单、双胎的公母羊按不同组合配种,其后代双羔率不同。如单×双为 51.9%,双×单为 38%,双×双为 74%。因此,采用双胎公羊配双胎母羊,可有效提高双羔率。

光脸型母羊(脸部裸露,眼下无细毛)比毛脸型母羊(脸部被覆细毛)产羔率高 11%。因此,应选用优生年龄、体型较大且脸部裸露母羊所生的双羔。

处女羊若初配就空怀,以后也不易受孕。连续 2 年发生难产,产后护羔不好或不护羔,母性不强,所生羔羊断奶后体重过小的母羊应淘汰。

不同年龄的羊,其产羔率是不同的。一般情况下,绵羊在 3~4 岁处于排卵最高峰,双羔率 2 岁左右时较低,3~6 岁时最高,7 岁以后逐渐下降。因此,对 7 岁以上的母羊要及时淘汰。通过合理调整羊群结构,使 2~7 岁羊占 70%、1 岁羊占 25%,可保持羊群最佳结构和繁殖力。

体重和排卵之间有正相关关系。据资料报道,配种前体重每增加 1 千克,产羔率相应可增加 2.1%。在草场退化、影响母羊膘情的地方,产羔率常出现以下差别:配冬羔的要高于配春羔的。配种前半期高于配种后半期的,第一情期配上的高于以后复配的。所以,提高母羊各阶段营养,保证良好的体况,直接影响繁殖率。实践表明,配种前 2~3 周提高羊群的饲养水平,可增加 10% 的一胎多羔。

配种前期要催情补饲,使母羊到配种期达到满膘,全群适龄母羊全部发情、排卵;怀孕母羊,特别是胎儿快速发育的怀孕后期两个月,不仅要使母羊吃饱,而且要满足母羊对各种营养的需要。坚持补饲混合精料(玉米、饼粕、麸皮、微量元素等)以及优质青干草、多汁饲料(萝卜等块根、块茎)。为保障泌乳期充足的乳汁及母羊体况,须根据母羊膘情及产单双羔的不同,在泌乳前期补饲混合精料和青干草等。一般双羔母羊日补混合精料 0.4 千克、青干草 1.5 千克;单羔母羊补混合精料 0.2 千克、青干草 1 千克。

加强妊娠后期和哺乳期母羊的饲养,可以明显提高羔羊出生体重和加速发育。妊娠体重增加 7～8 千克以上,所产单羔羊体重可达 4 千克以上、双羔体重 3.5 千克以上,哺乳日增重 180 克以上。

(三)肉羊的育肥技术

羊的育肥是为了在短期内利用低的成本获得质优量多的羊肉。经过育肥,可提高羊肉产量,改进胴体品质。淘汰的大羊屠宰率只有 40%,胴体重 20～22 千克,育肥后屠宰率可以超过 50%,胴体重达 22～25 千克,羊肉产量增加 25% 以上。肉羊的育肥可根据当地饲草状况、肉羊品种、生产技术水平、羊舍设施条件等综合考虑,确定适宜本地的育肥方式。肉羊的育肥按饲喂方式可分为 4种:放牧育肥、舍饲育肥、混合育肥及易地育肥。按用于育肥的羊的年龄可分为两种:断奶羔羊育肥及成年羊的育肥。

1. 育肥的 4 种方式

(1)放牧育肥 是北方牧区采用的主要的育肥方式,是最经济的育肥方法。育肥羊的来源,大羊可利用淘汰的公、母羊,两年未孕准备淘汰的空怀母羊,有乳腺炎的母羊,以及断奶后的非后备公羔。羔羊在豆科牧草为主的草场上放牧,成年羊在以禾本科牧草为主的草场上放牧。放牧时,充分利用夏秋草场抓膘育肥,羔羊需 60 天左右,淘汰羊需 80 天左右,就能膘满肉肥,可增重 20%～30%。育肥必须保证盐与饮水的供应。

(2)舍饲育肥 此方式适用于农区,它是按舍饲标准配制日粮,并用短的育肥时间和适当的投入获取羊肉的一种育肥方式。舍饲育肥要有一定的投入,但育肥效果好,可缩短育肥期,提前上市。舍饲育肥和放牧育肥相比,相同月龄屠宰的羔羊,舍饲育肥的羔羊比放牧育肥的羔羊活重提高 10%、胴体重提高 20%。

　　舍饲育肥羊的来源应以羔羊为主,其次可从放牧育肥羊群中补充一部分。如在雨季来临或干旱年牧草生长不良时,估计在入冬前达不到屠宰膘情的部分羊群,也可提前转入舍饲育肥。

　　舍饲育肥开始时,进圈育肥的羊改变饮食习惯要有一个适应期。开始以喂给优质干草为主的日粮,逐渐加入精料,等适应新饲养方式后,就改喂育肥日粮,一般以45%的精料与55%的粗料搭配为优。加大育肥力度时,精料比例可增加到60%,甚至更高。加大精料喂量时,要注意因过食而引起的肠毒血症及日粮中因钙、磷比例不当而引起的尿结石症。

　　舍饲育肥的投料方式,有用普通槽的人工投料与用自动饲槽的一次投料两种。前一种方式是设料槽与草架,分开加料、添草,每天两次,可以按照自动饲槽、草料按饲养标准预先混合配制,全部日粮品质保持一致,一次装满饲槽内,羊边吃边落,不容易挑拣。配合饲料可做成粉粒状或颗粒状。粉粒配合饲料中,粗饲料(干草、秸秆等)不宜超过20%~30%,并要适当粉碎,颗粒大小不超过10~15毫米。颗粒饲料用于羔羊育肥,日增重可提高25%,同时,还可减少饲料的抛洒浪费。颗粒饲料养分较完全,而且通过消化道的速度比一般饲料快,有利于加大进食量,从而多生产肉、脂、毛等。

　　颗粒饲料中的粗饲料,羔羊用的不宜超过20%,羯羊等用的可增加到60%。颗粒大小,羔羊用为1~1.3厘米,大羊用1.8~2厘米。颗粒饲料由于制作原料粉碎较细,育肥羊进食后,反刍次数有所减少,羔羊可能出现吃垫草或啃木桩等现象,且胃壁增厚,但对育肥效果无影响。

　　在潮湿季节,舍饲育肥圈,特别是羔羊育肥圈,最好垫一些秸秆、木屑或其他吸水材料,以后直接往上添撒,每隔两米撒一行,一周撒两次,每次撒铺的位置要调换,利用羔羊的走动,将垫草散开铺匀。

　　圈舍要通风良好,夏季挡强光,冬季避风雪,讲究卫生,保持安静,不惊吓羊,为育肥羊创造良好的饲养环境。

（3）混合育肥　混合育肥即放牧、舍饲相结合的育肥方式。为提高放牧育肥效果,可以采取放牧加补饲的方式。例如,第一期放牧育肥安排在6月下旬到8月下旬两个月,第一个月全放牧,第二个月每天加精料200克,到育肥后期,补饲精料量增加到400克;第二期放牧安排在9月上旬到10月底,第一个月放牧加补饲200~300克,第二个月补饲精料量加到500克,这样,全期增重可以提高30%~60%。

（4）移地育肥　这是近年来推广的、经济效益较高的育肥方式。具体包括以下两种方式:①山区繁殖,平原育肥;②牧区繁殖的羔羊,转移到精料、环境条件较好的平原或农区,可有效地提高育肥效果与经济效益,为商品市场提供大量品质优良的羊肉,满足城乡人民的需要。

2. 育肥羊的饲料添加剂

肉羊育肥中使用饲料添加剂能给育肥羊提供更多营养,促进生长,提高饲料利用率。

（1）非蛋白氮的利用　最常用的为尿素。1千克尿素等于2.88千克粗蛋白,相当于5.6~6.0千克的豆饼。对低蛋白水平日粮饲养的羊效果十分明显。为防止尿素饲喂不当引起中毒,目前可使用磷酸脲、缩二脲等。

使用尿素等非蛋白氮添加剂喂羊时,日粮中蛋白质水平一般不超过10%~12%,添加剂量为日粮干物质的1%,或混合料的2%,可替代所需日粮蛋白质的20%~35%。饲喂时,要注意与其他饲料充分混匀,分次饲喂,切忌一次性投喂。喂尿素时,日粮中不应有大豆饼或花生饼类饲料,因为它们富含有尿素酶,可引起尿素在瘤胃中迅速分解,导致中毒。

（2）抗菌促生长剂　常用的有杆菌肽锌。它们可选择性抑制致病性大肠杆菌,而不影响正常的菌群。它还能影响机体代谢,促进蛋白质同化作用,从而促进生长。杆菌肽锌添加剂量为每千克日粮干物质添加 10～20 毫克,添加时与精料充分混合均匀。

3. 断奶羔羊的育肥

要搞好断奶羔羊的育肥,应采取多种措施。

(1)应做好育肥前的准备工作 如及时转群,减少羊对转群的应激,进入育肥舍后让其充分休息,保证羔羊饮水。育肥前全面驱虫,可采用丙硫咪唑,并用四联苗和肠毒血症及羊痘疫苗对羔羊预防注射。

(2)要对育肥的羔羊进行分群 体大的羔羊优先给予精料型日粮,进行短期强度育肥,提早上市。

(3)加强饲喂 体格小的羔羊,日粮中精料比例可降低些。羔羊开始育肥时,应有一个预饲期:3 天内只喂干草,4～6 天仍以干草日粮为主,同时添加配合日粮,7～10 天可供给配合日粮,精、粗料比例为 36:64,蛋白质含量为 12.9%。消化能为 10.47 兆焦,钙 0.78%,磷 0.24%。预饲期间,1 天喂两次,每次投料量以能在 45 分钟内吃完为准。量不够时要及时添加,量过多时注意清扫。羔羊吃食时,要注意观察它们的采食行为和习惯,发现问题通过小群间调整予以照顾。如要加大喂量或变换日粮配方都应在两三天内完成,切忌变换过快。

羔羊预饲期结束后进入正式育肥期,根据育肥计划和增长要求,可选用不同日粮。常用的日粮有精饲料型、粗饲料型、青贮型3 种,生产者可以灵活选择(表 6－3)。

表 6－3　羔羊育肥的饲料配方　　　　　　　单位:%

月龄	玉米	麸皮	黄豆饼	棉籽饼	鱼粉	日给量(千克/只)	骨粉及食盐
2～3	36	30	3	1	4	0.2～0.3	自由采食
4～5	40	20	25	11	4	0.4～0.5	自由采食
6～7	50	15	20	15	1	0.6～0.7	自由采食
8～9	60	10	15	15	1	0.8～0.9	自由采食

在饲养管理方面,羔羊先喂 10 ~ 14 天预饲期日粮,再转用青贮饲料型育肥日粮。青贮型日粮开始喂时要适当控制喂量,以后逐渐增加,10 ~ 14 天内达到全量,羔羊每日进食量应不少于 2 ~ 3 千克,否则达不到预计的日增重。严格按饲料比例配匀,石灰石粉的数量要保证(5%),饲喂的饲料要过秤,不能估计重量。每天要清扫饲槽,保持清洁卫生。

4. 成年羊的育肥

对不能作种用的公、母羊和淘汰的羊以及从外地购进的成年羊,均可进行育肥。成年羊育肥的关键技术及方法:

(1)育肥期要做好驱虫、灭癣、修蹄,并进行分群、称重、环境清洁及消毒工作。驱虫可采用口服 0.1% 畜卫佳,一次用量为 0.3 克/千克体重,可驱杀羊体内外的线虫、蠕虫、昆虫及螨虫。防疫可用四联苗(羊快疫、羊猝狙、羊肠毒血症、羔羊痢疾)及羊痘苗按使用方法进行防疫。羊的圈舍可用 10% ~20% 的石灰乳,或 2% ~5% 的烧碱溶液,或 0.05% ~0.5% 过氧乙酸进行消毒。除此之外,此阶段还应逐渐改变饲料类型,把以粗饲料为主的日粮逐渐改变为精料比例占 40% 的日粮。

(2)育肥期内羊已适应新的生活环境和饲养条件,日粮要转为以精料为主;育肥期 60 天的前 20 天每只日喂料 350 克,中期 20 天每只日喂料 400 克,后期 20 天每只日喂料 450 克。粗料不限量。粗料有青贮饲料、氨化饲料等。青贮饲料可每只日喂 4 ~6 千克,氨化饲料每只日喂量可达到 2 ~3 千克。精料可由玉米、豆饼、麸皮等组成,要求消化能在 12.56 兆焦以上,总蛋白质含量在 12% 以上,钙磷比例不低于 2.25∶1,粗纤维含量在 10% 以下。成年育肥羊的饲养标准参见表 6-4。

成年育肥羊混合精料参考配方如下:玉米 55%、豆饼 20%、麸皮 25%。每 100 千克混合精料中,加食盐 2 ~3 千克、骨粉 2 千克。

表6-4　成年育肥羊的饲养标准(每只每日)

体重 (千克)	风干饲料 (千克)	消化能 (兆焦)	可消化粗 蛋白(克)	钙 (克)	磷 (克)	食盐 (克)	胡萝卜素 (毫克)
40	1.5	15.90~19.26	90~100	3~4	2.0~2.5	5~10	5~10
50	1.8	16.74~23.02	100~120	4~5	2.5~3.0	5~10	5~10
60	2.0	20.93~27.21	110~130	5~6	2.8~3.5	5~10	5~10
70	2.2	23.02~29.30	120~140	6~7	3.0~4.0	5~10	5~10
80	2.4	23.44~27.21	130~160	7~8	3.5~4.5	5~10	5~10

另外,进入育肥期,一般不要轻易更换饲草饲料,若须更换,要逐渐进行,可先加新草、料的1/3(3天)、2/3(3天),而后全部更新。

四、羊的放牧技术

羊是反刍动物,是适于放牧的家畜。天然牧草是羊重要的饲料来源。充分、合理利用天然草场放牧,可节约粮食,降低饲养成本和管理费用,而且有利于羊的健康。因此,广大养羊地区多采用全年放牧、冬季补饲的方式。我国各地由于条件不同,主要分为农区、半农半牧区与牧区3种类型。

农区养羊业:养羊在农业区是附属性生产,多无放牧草场,主要依靠舍饲与林带、田边、地埂牵放或小群放牧。因农副产品丰富,补饲条件比较好,羊只数量不多,管理较精细,在有些地区是群众的主要副业。

半农半牧区养羊业:生产条件介于牧区与农区之间。一般都有圈舍,并有较多的秸秆、茎叶等农副产品可供补饲;夏季将羊群赶到较远的草地上放牧,秋收后返回茬地上放牧。

牧区养羊业:饲料条件主要依靠草原或草场的天然牧草或少量人工种植的牧草,没有圈舍,只有栏圈,因此,多采用全年放牧、冬春补饲的方式,饲养管理较粗放。

1. 羊群的组织

合理组织羊群,既能节省劳动力,又便于羊群的管理,可达到提高生产率的效果。因此,要根据绵羊、山羊的特性和牧区、农区、农牧区和山区的草场面积条件,按羊种、性别、年龄来组织羊群。

牧区草场面积大,一般繁殖母羊和育成母羊 200~250 只一群,当年生的去势育肥公羊 150~200 只一群,种公羊 100 只一群。

农区没有大面积草场,一般羊群放牧多是利用地边、路旁、河堤、林带,放牧受到一定限制,羊群就不能过大。繁殖母羊和育成母羊 30~40 只一群,当年生的去势育肥公羊 25~30 只一群,种公羊 10 只一群。农牧区和山区羊群的组织可以介于牧区和农区之间。

2. 放牧技术

要使羊生长快,不掉膘,放牧技术是关键。羊的放牧,要立足于"抓膘和保膘",使羊常年保持良好的体况,充分发挥羊的生产性能。要达到这样的目的,必须了解和掌握科学的放牧技术。

(1)要做到"三勤二稳" "三勤"即手勤、腿勤、嘴勤,"二稳"即放牧时要稳、饮水时要稳,其中以放牧稳为最重要。牧工常说:"走慢、走少、吃饱、吃好。"如果羊放得不稳,并放馋嘴,它们光想跑路,挑好草吃,就很难抓好膘。不少地方牧工掌握羊群前进速度的经验是"不走不站,不紧不慢,边走边吃","放羊打住头(即头羊),放得满肚油;放羊不打头,放成跑马猴",都强调一个"稳"字。

(2)应让羊吃回头草 有经验的放牧员的做法是:每天早晨开始放牧时,将草留下,赶着羊群向前走,等到午后回村时,再让羊吃留下的好草(回头草),以促使羊吃得更饱。俗话说,"一天一个饱,性命也难保;一天三个饱,四季瘦不了","先坏后好,越吃越饱",都突出了一个"饱"字。

俗话说得好:"同样草,同样料,不同方法不同膘"。因此,灵活地掌握与运用各种较科学的放牧技术,对抓好膘、配好种、提高养羊生产水平有着重要的作用。

3. 放牧方法

在羊的放牧饲养中,我国牧区及农区形成了适于绵羊和山羊的简便、实用的放牧方法,主要有以下几种:

(1)领着放 羊群较大时,由放牧员走在前面,带领羊群前进,控制其游走的速度和距离。适用于平原、浅丘地区和牧草茂盛季节,有利于羊对草场的充分利用。

(2)赶着放 即放牧员跟在羊群后面进行放牧,适合于春、秋两季在平原或浅丘地区放牧,放牧时要注意控制羊群游走的方向和速度。

(3)陪着放 在平坦地放牧时,放牧员站在羊群一侧;在坡地放牧时,放牧员站在羊群的中间;在田边放牧时,放牧员站在地边。这种方法便于控制羊群,四季均可采用。

(4)等着放 在丘陵山区,当牧地相对固定,且羊群对牧道熟悉时,可采用此法。出牧时,放牧员将羊群赶上牧道后,自己抄近道走到牧地等候羊群。采用这种方法放牧,要求牧道附近无农田、无幼树、无兽害,一般在植被稀疏的低山草坡。

(5)牵牧 利用工余时间或老、弱人员用绳子牵引羊只,选择牧草生长较好的地块,让羊自由采食。此法在农区使用较多。

(6)拴牧 即用一条长绳,一端系在羊的颈部,另一端拴一小木桩,选择好牧地后,将木桩打入地下固定,让羊在绳子长度控制的范围内自由采食。一天中可换几个地方放牧,既能使羊吃饱吃好,又节省人力。此法多在农区采用。

羊的放牧要因地、因时制宜,采用适当的放牧技术。在春、秋放牧时,要控制好羊群的游走速度,避免过分消耗体力,引起羊只掉膘。夏季放牧时,羊群可适当松散,午间气温较高时,应将羊赶到能遮阳棚架处,作为羊中午休息或补饲、饮水的场所。冬季放牧时,要随时了解天气的变化,晴好天气可放远一些,雪后初晴时就近放牧;大风雪天应将羊群赶回圈舍饲养。

4. 四季放牧要点

（1）春季放牧　羊的春季放牧要突出一个"稳"字，放牧员应走在羊群的前面，控制好羊群的游走速度，防止羊只因"跑青"而掉膘。弱羊和带仔母羊要单独组群，就近放牧，加强补饲。

在南方农区和半农区半牧区，牧草返青早，生长快，有利于羊的放牧，但当草场中豆科牧草比例较大时，放牧要特别小心。因此时的豆科牧草生长旺盛、质地细嫩，含有较多的非蛋白质，而其他牧草多处于枯黄或刚开始萌芽阶段，产量有限，羊采食过多豆科牧草会引起瘤胃胀气，常造成羊只死亡。在这些地区，春季是鼓胀病的多发期，必须引起重视。出牧前，可先补饲一定量的干草或混合精料，适量饮水，使羊在放牧时不致大量抢食豆科牧草。发现胀气的羊要及时处理。

（2）夏季放牧　夏季牧草茂盛，营养价值高，是羊恢复体况和抓膘的有利时期。春末的5～6月也是牧区最繁忙的阶段；羊的整群鉴定、剪毛抓绒、防疫注射、药浴驱虫及冬羔的断奶、组群等工作，都需在此期间完成，同时，还要做好转场放牧的准备工作。因此，必须精心组织和合理调配劳动力，做到不误时节。

夏季一般选择干燥凉爽的山坡地放牧，可减少蚊蝇的侵袭，使羊能安心吃草；中午气温较高时，要把羊赶到阴凉的场地休息或采食，要经常驱动羊群，防止出现"扎窝子"；避免在有露水或雨水的苜蓿草地放羊，防止鼓胀病的发生。尽量延长羊群早、晚放牧的时间。

放牧绵羊时，上山下山要盘旋而行，避免直上直下和紧追快赶；要经常检查羊只的采食情况和体况；对病、弱羊要查明原因，及时进行治疗或补饲，确保母羊进入繁殖季节后能正常发情和受胎；加强羔羊、育成羊的放牧和补饲；搞好春羔的断奶工作。

（3）秋季放牧　羊秋季放牧的重点是抓膘、保膘，搞好羊的配种。秋季气候凉爽、蚊蝇较少，牧草正值开花、结实期，营养丰富，秋季抓膘的效果比夏季好，也是羊放牧育肥的有利时期。为使羊群不掉膘,秋季应加强放牧管理,控制好羊群的放牧速度和游走范围。配种前,要对羊群进行一次全面的健康检查,开展驱虫、修蹄等工作。

秋季放牧时,要避免将羊放在有芒、有刺的植物为主的草场,以免带刺的种子落入羊的被毛而刺入皮肤和内脏器官,造成损伤。同时,要充分利用牧草和农作物收获后的茬地放牧,使羊能吃到鲜嫩的牧草。秋季要搞好母羊的配种繁殖工作。

(4)冬季放牧　冬季放牧的主要任务是保膘、保胎、防止母羊发生流产。

入冬前,对羊的体况进行一次检查,并根据冬草场的面积、载畜量和草料贮备情况,确定存栏规模,淘汰部分年老、体弱羊,干旱年份更应该适当加大出栏,以减轻对草场的压力。每只成年母羊的年干草贮备量为250~300千克、精料50~150千克。

在冬季积雪较多的地区,首先要利用地势低洼的草地放牧,后利用地势较高的坡地或平地,以免积雪过厚羊不能利用而造成牧草浪费;天气晴好放远处,雪后初晴放近处;大风雪天将羊留在圈内饲养。在放牧中突遇暴风雪,应将羊及时赶回或赶到山坡的背风面,不能让羊四处逃跑,以免造成丢失和死亡。冬季早晨出牧的时间可稍推迟,待牧草上的水分稍干后再放牧,可减少母羊的流产。

羊的棚、圈设施要因地制宜,大小适当,防寒保暖,方便管理。入冬前,对圈舍检查、修膳,避免"贼风"的侵袭。近年来,我国北方采用的塑料大棚,增温效果好,建造成本低,经济实用。

5. 放牧中应注意的事项

(1)饮水　俗话说,"草膘、料力、水精神"。不论在农区、山区,饮水是每天必不可少的管理工作。羊每天饮水量与饮水次数,随气候、季节及牧草种类不同而异,一般每天饮水1~2次。饮水最好是井水、泉水及河水,不要饮污浊发臭的死水与含盐碱量大的苦水。

（2）喂盐　俗话说，"羊不喂盐羊不饱，冬不喂盐羊不吃草，九月喂盐顶住风，伏天喂盐顶住雨"。盐是四季不可缺少的矿物质饲料，特别在夏季更应勤喂盐。一般每只羊每天喂盐 5～10 克，哺乳母羊 11～15 克。可把盐放在饲槽内任羊舔食，也可拌入精料中喂给。

（3）卧地　这是山区放牧中结合积肥的一个好办法，肥料直接撒在田间，节约了山区送肥的人力与物力，值得推广。山区多为梯田或坡地，春季耕种前，气候由寒转暖，羊由低地向高地卧，夜间卧地不易受寒。秋季种小麦前气候由暖渐寒，羊由高地向低地卧。除卧地外，在山区为了多积肥，也可沿着一条大山沟与山脚下，每隔 2.5～3 千米，用乱石垒成一个临时圈，白天羊在山上放牧，晚上人与羊在临时圈内过夜。每隔一周左右换一次圈。这样做的好处是，起到了轮牧的作用，避免了寄生虫的危害，而且一段一段地积了肥，当年秋季或第二年春季就地出圈，把肥料直接撒在田间。

（4）数羊　在山区比平原地区更容易丢失羊只，因此，要勤数羊。俗话说得好，"一天数三遍，丢了在眼前；三天数一遍，丢了找不见"。每天放牧前、收牧前各数一遍。细心的牧工，夏季每吃饱一次、休息起来、上坡前，都要数一次羊。

（5）训练带头羊与牧羊犬　俗话说，"车不离轴，羊不离头"，这句话充分说明了领头羊的骨干作用。羊有合群性，一切行动随"头羊"而动。所以，训练好头羊十分重要，它可节省牧工的大量劳动。绵羊也有用山羊做头羊的，因为山羊胆大机灵。头羊可从羔羊起就给它偏喂偏爱，重点培育，重点训练，天长日久，人与羊之间就建立了感情，就能达到"招之能来，驱之能去"，这在放牧上有很多便利之处。使用牧羊犬节省劳力，这在国内外早已是成功的经验，且广泛使用之。但牧羊犬须经过专门的调教与训练才行。

第七章　羊场的防疫及羊疫病防控

要做好肉羊的生产,羊场里严格的卫生防疫措施是必不可少的。"预防为主,治疗为辅"的方针是对任何疾病都适用的,只有做好了平时的预防工作,才能够使疾病的发生减少。另外,一旦羊只发病后,及时的诊断治疗也是相当重要的。只有对病羊采取及时诊断,合理地治疗,才使病情得以控制,迅速恢复。因此,羊场的卫生防疫和疾病防治是做好优质肉羊生产的关键一环。

一、羊场的综合卫生防疫措施

对于养羊生产来讲,传染病、寄生虫病是最大的威胁。它们可引起多数羊只发病,影响羊的生产性能的发挥,严重者造成了许多羊只的死亡;另外,有些病羊还将病菌传染给人,危害人体健康。因此,做好传染病、寄生虫病及其他各类疾病的防制工作,不仅可保证肉羊生产的顺利进行,还可以保护人体的健康。

羊场内应采取以下的综合卫生防疫措施,来防止各种疾病的发生:

1. 加强科学的饲养管理,增强机体抗病能力,增进羊的健康

科学喂养,精心管理,增强机体的抗病能力是预防羊病发生的重要措施。要求做到:分群饲养,按品种、年龄、饲养目的、体质强弱等分群饲养;加强饲养卫生和合理饲喂,即重视饲料、饮水卫生,不喂发霉变质、冰冻及被农药污染的草料,不饮死水、污水,使用饲料种类力求多样化并合理搭配与调制,使其营养丰富全面,同时,保持羊舍清洁、干燥,注意防寒保暖及防暑降温工作。

2. 做好引进羊只的检疫、防疫工作

羊场实行自繁自养,可避免引进羊时带进各种传染病,若必须从外地引进羊只时,应做到不从疫区购买,买入后要隔离检疫 1～2

个月,确认健康无病,才可与原来羊场中羊只合群饲养。隔离检疫期间,尤其从农户、集贸市场购入的,应对羊常发的几种主要传染病进行预防接种。从国外引进优良品种时,除加强口岸检疫外,入场前还应隔离检疫,发现病羊时立即严格处理。

3. 建立合理的防疫制度

(1)按防疫要求选择场址　羊场的布局应合理,应远离公路、工厂、学校、村镇,场内生产区与行政管理区、生活区应分开。

(2)坚持入场消毒　生产区与畜舍入口处设消毒池和更衣室,本场工作人员和饲养员进入生产区时,要更换工作服和鞋。无关人员禁止入内,谢绝参观;必须参观者,应更换衣服和鞋,并经消毒才可入内。饲养人员不准串走,用具、设备要固定。消毒池内的消毒液应定期更换,保证有效浓度。工作衣和鞋要经常清洗,保持洁净。

(3)杜绝外来产品入场　各种羊的有关产品不准在场内生产区销售,必须运到行政管理区处理。

(4)禁止在生产区屠宰解剖羊只　不准在生产区或畜舍内屠宰或解剖死亡的病羊,更不准在生产区内随意乱丢死亡的羊只。

4. 制定科学的免疫程序,搞好预防注射和药物预防

(1)免疫接种是预防和控制羊传染病的主要措施　免疫接种可分为预防接种和紧急接种两类。生产实践中,应根据本地区(场、群)的传染病发生的情况和规律、抗体水平、动物年龄结构、疫苗性质,制定一个具体的免疫程序,搞好疫苗防疫注射,避免传染病的发生。下面将羊场的免疫程序及羊的常用疫苗列于表7-1、表7-2,供参考。

(2)药物预防　有些疫病目前还没有疫(菌)苗,用药物预防可取得显著效果。但长期使用化学药物预防,容易产生耐药性菌株,降低药效,因此应经常更换药物,以提高防治效果。在应用药物防治疫病中,应注意下列问题:①药物的合理使用问题。第一,避免滥用药。防治用药既要考虑效果,又要考虑安全;既要使病羊尽快治愈,又要使药物保持较长的使用寿命。目前抗生素的滥用现象严重,尤应注意。滥用抗生素表现为无针对性,无保留无控制使

用,剂量不准,疗效不足,添加在饲料中长期饲喂,导致耐药性菌株泛滥。第二,防止蓄积中毒。对肝、肾功能不全的肉羊使用排泄慢的药物时,由于羊体的解毒机能减弱,药物转化排泄发生障碍,易产生蓄积中毒,因此,在使用药物治疗时,一个疗程后应停药一定时期再使用。第三,避免配伍禁忌。配伍禁忌有三种,药理性的、物理性的、化学性的。②药物的残留及使用方法,见表 7 - 1。

表 7 - 1　羊的免疫程序

日期	疫苗	病名	免疫途径	剂量	免疫范围	免疫期
2 月	羊链球菌苗	羊链球菌病	皮下注射	3 毫升	不论大小羊只	6 个月
	羊口疮弱毒细胞冻干苗	羊口疮病	口唇黏膜注射	0.2毫升	不论大小羊只	5 个月
3 月	羊四防苗	羊快疫、羔羊痢疾、羊猝狙、肠毒血症	皮下或肌内注射	5 毫升	不论大小羊只,孕羊禁用	6 个月
	羊大肠杆菌苗	羊大肠杆菌病	肌内注射	3 月龄以下1 毫升 3~12 月龄2 毫升	1 岁以下羊只	6 个月
4 月	2 号炭疽芽孢苗	炭疽病	皮内或皮下注射	皮内 1 毫升皮下 2 毫升	不论大小羊只	6 个月
	山羊痘疫苗	痘病	尾根内侧皮内注射	0.5 毫升	不论大小羊只	12 个月
	山羊传染性胸膜肺炎氢氧化铝菌苗	传染性胸膜肺炎	皮下或肌内注射	6 月龄以下3 毫升 6 月龄以下5 毫升	不论大小羊只	12 个月
5 月	羊口蹄疫灭活苗	口蹄疫	肌内注射	6 月龄以上2 毫升 3~6 月龄1 毫升	3 月龄以下不用	6 个月
	布 S2 株苗	布病	口腔注服	5 毫升	不论大小羊只	12 个月

（续表）

日期	疫苗	病名	免疫途径	剂量	免疫范围	免疫期
8 月	羊链球菌苗	羊链球菌病	皮下注射	3 毫升	不论大小羊只	6 个月
9 月	羊四防苗	羊快疫、羔羊痢疾、羊猝狙、肠毒血症	皮下或肌内注射	5 毫升	不论大小羊只	6 个月
	羊大肠杆菌苗	羊大肠杆菌病	肌内注射	3 月龄以下 1 毫升 3～12 月龄 2 毫升	1 岁以下羊只	6 个月
	2 号炭疽芽孢苗	炭疽病	皮内或皮下注射	皮内 1 毫升 皮下 2 毫升	不论大小羊只	6 个月
	羊口蹄疫灭活苗	口蹄疫	肌内注射	6 月龄以上 2 毫升 3～6 月龄 1 毫升	3 月龄以下不用	6 个月

表 7－2　羊常用疫苗（菌苗）

名　称	预防的疫病	用法及用量说明	免疫期
2 号炭疽芽孢苗	羊的炭疽病	皮下注射 1 毫升。注射后 14 天产生免疫力	1 年
布氏杆菌羊型 5 号弱毒冻干菌苗	布氏杆菌病	用适量灭菌蒸馏水，稀释所需的量，皮下或肌内注射。羊为 10 亿活菌；室内气雾每只羊剂量为 25 亿活菌；室外气雾（露天避风处）每只羊剂量 50 亿活菌	18 个月
破伤风抗毒素	紧急预防和治疗破伤风病	皮下或静脉注射，治疗肘可重复注射一次至数次。预防量：1 万～2 万单位，治疗量 2 万～5 万单位	2～3 周
羊梭菌病四防氢氧化铝菌苗	羊快疫、羊猝狙、肠毒血症、羔羊痢疾	无论羊年龄大小。一律肌内、皮下注射 5 毫升	暂定 6 个月

（续表）

名　称	预防的疫病	用法及用量说明	免疫期
山羊传染性胸膜肺炎氢氧化铝苗	山羊传染性胸膜肺炎	山羊皮下或肌内注射：6个月山羊5毫升，6个月以内羔羊3毫升	1年
羊痘鸡胚化弱毒苗	羊痘病	用生理盐水25倍稀释，振匀，不论羊大小一律皮下注射0.5毫升，注射后6天产生免疫力	1年
羊口疮弱毒细胞冻干苗	羊口疮病	按每瓶总头份计算，每头份加生理盐水0.2毫升，在阴暗处充分摇匀，采用口唇黏膜注射法，每只羊于口唇黏膜内注射0.2毫升，注射是否正确，以注射处呈透明发亮的水泡为准	暂定5个月
犬病疫苗	狂犬病	皮下注射，羊10～25毫升，如羊已被病畜咬伤时，可立即用本疫苗注射1～2次，两次间隔3～5天。以作紧急预防	暂定1年

表7-3　有残留的常用药物的使用方法

药物名称	停药期	注意事项
氨苄西林、苄青霉素	18天	不宜与四环素、土霉素、庆大霉素、卡那霉素、阿托品、氯丙嗪混用
阿莫西林	18天	只供注射，不宜与庆大霉素合用
红霉素	10天	忌与酸性物质配伍
泰乐菌素	21天	遇铁、铜、铝等离子溶合而减效
林可霉素	2天	
新霉素		不可使用
杆菌肽锌	0天	仅用于内服，作饲料添加剂
恩诺沙星	21天	空腹用好
喹乙醇	35天	混饲浓度0.01%，作添加剂用
磺胺类	10天	内服首次加倍，肉羊0.025克/千克体重
莫能菌素	5天	禁与泰妙菌素或竹桃霉素同时使用
左旋咪唑	3天	中毒时可用阿托品解毒

（续表）

药物名称	停药期	注意事项
丙硫咪唑	14 天	妊娠羊不用
敌百虫	5 天	忌与碱性药物配合使用
伊维菌素	28 天	孕羊禁用，哺乳羊禁用，用量0.2毫克/千克体重
孕酮	21 天	

另外，优质肉羊的生产必须要保证出口时一些必须测试项目合格。下面列出内地出口羊的违禁化学药物、激素及受限制的化学药物，供参考。

一是 7 种违禁化学药物：阿伏霉素、氯霉素、沙丁安醇、盐酸克仑特罗、己二烯雌酚、己烯雌酚、己烷雌酚。

二是 10 种受限制使用的化学药物：羟氨苄霉素、氨苄青霉素、苄青霉素、邻氯青霉素、双氯青霉素、金霉素、强力霉素、土霉素、四环素、磺胺类药。

5. 搞好圈舍消毒及粪尿处理

定期对羊舍、用具和运动场等进行预防消毒，是消灭外界环境中的病原体、切断传播途径、防制疫病的必要措施。注意将粪便及时清扫、堆积、发酵，杀灭粪中的病原菌和寄生虫或虫卵。消毒剂可选用3%来苏儿、20%石灰乳、1%～2%的氢氧化钠、0.5%～2%漂白粉等常用的消毒品（表7-4）。一般每年春、秋两季对羊舍、用具及运动场各彻底消毒 1 次。当某种疫病发生时，可用氢氧化钠进行扑灭性的消毒。

表 7 - 4　常用环境消毒药

酚类	苯酚	1%溶液用于皮肤止痛，3%～5%溶液用于外科器械、用具、房屋、排泄物消毒	对皮肤、黏膜有刺激性、腐蚀性
	煤酚	2%溶液用于皮肤消毒，3%～5%溶液用于外科器械、用具、房屋、排泄物消毒	5%煤酚皂溶液为来苏儿
	克辽林	3%～5%溶液用于环境卫生消毒	

（续表）

碱类	氢氧化钠 氢氧化钾	2%溶液用于厩舍、车间、器具消毒，5%溶液用于杀灭炭疽芽孢	有损伤性，应用时注意人畜的保护。粗制烧碱为代用品
	石灰	20%乳剂用于厩舍、墙壁、畜栏地面等消毒，也可直接撒在粪池、阴湿地面、污水沟等处	不宜久贮，现用现撒
含氯化合物	漂白粉	饮水消毒，每立方米河水或井水中用6～10克；1%～2%澄清液，用于食具，非金属用具消毒；10%～20%乳剂用于厩舍、粪池、排泄物等消毒	含有效氯35%，对组织有刺激性，对金属有腐蚀性
挥发性烷化剂	甲醛	2%浸泡器械；空间消毒每立方米用福尔马林14毫升，高锰酸钾7克	40%甲醛溶液为福尔马林，对皮肤、黏膜刺激性大
含碘化合物	威力碘	喷雾消毒1∶40～1∶200，饮水消毒1∶200～1∶400，清洗器具1∶100	
表面活性剂	新洁而灭	0.1%～2%溶液用于喷洒羊舍、空间喷雾，0.1%浸泡器具、手臂，0.01%～0.05%冲洗黏膜	忌与肥皂、碘等阴离子表面活性剂混用
含氯化合物	抗毒威	喷洒，浸泡消毒1∶400，饮水消毒1∶500	接种疫苗前后2天，不宜拌料、饮水
季铵盐类	百毒杀	疫病感染消毒1∶200，1∶600倍用于环境、器具消毒，1∶1 600倍用于饮水消毒，1∶500用于喷雾消毒	可采用喷雾、泼洒、洗浸、饮水消毒方式
复合型	卫康-THN消毒剂	用于场地、畜舍、空气、饲养用具、饮水等消毒。常规消毒1∶500～1∶1 000倍稀释，发生病情1∶250～1∶500倍稀释	可采用喷雾、冲洗、泼洒、浸泡消毒

6. 及时正确诊断

及时正确的诊断对于早期发现病畜，及早控制传染源，采取有效防疫措施，防止传染病的扩大传播有重要的意义。

7. 病畜的治疗

治疗应在严格隔离条件下进行，同时应在加强护理、增强机体本身防御能力的基础上采用对症治疗和病因疗法相结合方法进行。治疗中还应考虑治疗的经济价值和防疫原则，防止疫病的扩大。

8. 注意驱虫药浴

羊的寄生虫病在养羊生产中经常发生。患羊轻者生长迟缓、消瘦、生产性能下降,重者危及生命,因此养羊生产中应注意进行驱虫和药浴。驱虫可在每年春秋两季各进行 1 次,药浴可于剪毛后 10 天左右彻底进行 1 次。

二、羊场污物的无公害化处理技术

随着养羊的规模化、集约化发展,羊粪尿大量增加,在未来的很长时间内,将对环境造成污染。羊粪尿污染的危害在于:第一,产生臭味,污染环境;第二,粪尿长期堆积在外,造成水土污染,粪、尿中的氮、磷等营养物质进入河流湖泊,导致水体富营养化;第三,羊的粪便不处理,或处理不当,就严重污染羊场,造成疾病的再次传播,危害羊群的安全。羊粪尿对环境的污染与危害,已成为不可忽视的生态和环境保护的重要问题。为了保持羊的健康,避免羊粪尿的污染,可对羊粪尿经无害化处理并加以合理利用,使之变为宝贵的资源,从而也提高了养羊的经济效益。无公害化生产技术中要求对羊粪尿积肥,过腹还田。粪的无害化处理是农牧业有机结合、良性循环的重要措施,既充分利用了资源,又从根本上治理了污染源。

1. 减少粪尿污染的措施

目前切实可行的几种技术有:改进饲料配方,减少氮、磷进食量;提高肉羊的饲料利用率,减少氮、磷的排出;开发防臭剂及对粪便再加工利用。

2. 粪尿的处理

粪尿的处理应遵循生态学、生态经济学的原理和规律,这样不但可减少环境污染,而且变废为宝。目前处理方法有物理、化学、生物等多种方法。技术路线主要为粪尿分离、杀菌(发酵、热喷、晾干等),作为有机肥、饲料原料、沼气等进一步利用。目前应用较广泛、处理量较大、费用低廉、适应性较强的方法为生物方法。

羊粪不经处理直接当作肥料应用有很多缺点：①羊粪尿中的肥分容易流失。②羊粪中的杂草种子、寄生虫卵、病原菌对人、畜、环境、作物均有一定危害性。③鲜粪在土壤中发酵产生的热量和分解产物对农作物的发芽、生长、开花和结果都有一定的害处。所以，羊场粪便处理的未来趋势是用作肥料前必须事先处理。

（1）堆肥处理　优点在于技术及设备简单，施用方便，无臭味；同时，堆肥发酵中可杀死粪尿中的病原微生物、寄生虫卵、杂草种子，腐熟的堆肥对作物较安全。具体方法如下：

场地：平整地面、水泥地面、衬有塑料膜的地面。堆肥体积：堆成长条状，高 1.5 ~ 2.0 米、宽 1.5 ~ 3.0 米，长度视具体情况而定。

堆积方法：先较疏松堆积一层，待堆温达 60 ~ 70℃时，保持 3 ~ 5 天，或待堆温自然稍降后，将粪堆压实，而后再堆积加新鲜粪一层，如此层层堆积至 1.5 ~ 2.0 米为止，用泥浆或塑料膜密封。

启用：密封 2 个月或 3 ~ 6 个月后启用。

（2）羊粪的烘干利用　利用烘干机，使炉温达 300℃以上，圆转筒开始启动，打开粪传输装置，粪被送入转筒。在高温系统作用下迅速脱水干燥。最后，烘干的粪从出料口排出。

（3）制作液体圈肥　方法是将生的粪尿混合物置于贮留罐内，经过搅拌，通过微生物的分解作用，变成腐熟液体肥料。这种肥料对作物是安全的。

三、羊的常见疾病及其防控

1. 羊的基本诊疗技术

（1）羊的保定　为防止羊只骚动，便于检查与处理，并确保人畜安全，在临床诊断过程中须对羊只进行保定。羊的性情温顺，力量相对较小，因此保定容易，方法也较简单。常用的保定方法有徒手保定法、倒卧保定法和圈抱保定法等。徒手保定是保定者用双手握住羊的双耳或双角及下巴,也可骑在羊背上,用双腿夹住其躯干部,使其站立不动。倒卧保定时,保定者俯身从对侧一手抓住羊的两前肢系部或抓住一前肢臂部,另一手抓住腹肋部膝襞处扳倒羊体,后一只手改为抓住两后肢的系部,前后一起按住即可。此法用于治疗和简单手术时的保定。两手(臂)围抱保定法用于一般检查或治疗。

(2)羊病的诊断检查法

①羊病诊断:判断羊的健康状况可通过一看、二摸、三听的方法。

一看:即看羊的活动、眼神、口鼻、耳色、食欲、被毛状况和粪便等。

二摸:就是检查人员用手触摸羊体表各部位,借以察觉羊的体格状况,体表有否肿块、损伤或寄生虫,淋巴结是否肿大,体温心跳是否正常等。

三听:主要是听羊的呼吸、心跳和胃肠蠕动是否正常等。

②羊的眼睛结膜检查法:检查者一手固定羊头,另一手的拇指与食指同时拨开上下眼睑,即可观察眼结膜的颜色。健康羊的眼结膜为淡红色。在疾病情况下,眼结膜可出现潮红、苍白、黄疸、发绀等病理变化。

③羊口腔检查法:检查者以一手拇指与中指由颊部捏握上颌,另一手的拇指与中指由左、右口角处握住下颌,同时用力上下拉之即可开口。也可用一手的食指和中指并拢,同时从口角插入,用两指的指腹顶住硬腭即可开口。健康羊的口舌红润,口内无异味。病羊舌干口燥,口内有黏液和异味,舌面有苔,呈黄、白、黑、赤色,或有溃烂、肿胀等。

④羊的体温测定:测定前必须将体温计的水银柱甩至35℃以下,用消毒棉球擦拭并涂以润滑剂,然后把体温计缓慢插入羊的肛门内,保持3~5分钟后取出,擦净体温计上粪便,看水银柱的度数。健康羊的体温为38~40℃,低于或高于这一范围都是病症。羊正常生理指标见表7-5。

表7-5　羊疾病诊断常用的正常生理指标

项目	体温(℃)	脉搏(次/分钟)	呼吸(次/分钟)	瘤胃蠕动(次/分钟)
羊	38~40	70~80	12~20	1.5~3
青年奶山羊	37.6~39.7	80~119	18~34	1.5~3.5

（3）羊病的治疗技术:羊给药途径有以下5种:

①口服法:a. 自行采食法,多用于大群羊的预防性治疗或驱虫。将药物按一定比例拌入饲料或饮水中,任羊自行采食或饮用。b. 灌服法,将药液倒入竹筒或长颈瓶内,打开羊的口腔,将竹筒从口角插入口中,略抬高头部,将药液灌入即可。此法多用于治疗。

②胃导管投药法:以木制开口器打开口腔,然后将胃导管自口腔经咽部,趁羊吞咽时顺势插入食道,继续深插至胃内,确定无误后,即可灌入药液。

③注射法:常用的注射方法有皮下注射、皮内注射、肌内注射和静脉注射。皮下注射部位为羊的颈部侧面,皮肤易于移动的地方。凡是易溶解、无强烈刺激性的药品及菌苗、疫苗等均可作皮下注射。皮内注射多用于绵羊痘的预防接种。肌内注射可在颈的中1/3和下1/3的背侧面或在荐椎两侧10厘米左右处,临床上应用较多。静脉注射多选在颈静脉注射,即颈部腹侧颈静脉沟上1/3和中1/3交界处注射给药。除此之外,还有气管内注射和真胃内注射给药。

④穿刺术:羊发生瘤胃臌气和急性瘤胃积食时,需直接从瘤胃内放气和向瘤胃内注射药物,这时进行瘤胃穿刺。穿刺部位为左侧肷窝部。常用8~10厘米长带针芯的套管针进行。当羊发生瓣胃阻塞时,应进行瓣胃穿刺。穿刺部位为羊体躯右侧倒数第4.5肋间,与肩关节水平线的交点处。常用8~10厘米长的瓣胃穿刺针或16号封闭针头进行穿刺。

⑤洗胃与灌肠:洗胃是按胃导管投药法将胃导管插入胃内,灌入药液后,放低羊头,使药液再由胃导管排出。如此反复进行,以洗净羊胃内有害物质和液体。灌肠是将橡皮管涂上润滑剂,插入

羊的肛门,术者握住羊肛门,灌入液体。当灌液不畅时,可前后抽动橡皮管,边灌液边往里插管。待灌入一定量的液体后,术者将握住羊肛门的手松开,使液体和粪便一同排出。如此反复,直至将羊直肠内洗净为止。

2. 传染病

羊炭疽

羊炭疽病是由炭疽杆菌引起的人畜共患的烈性传染病。本病主要经消化道感染,也可经呼吸道或伤口感染。

(1)病因及症状　此病有一定的季节性,大多在雨季或洪水后、牧场、草场被污染,羊放牧时可食入被污染的牧草而感染。病羊多呈最急性,无明显变化,有的短期兴奋后死亡,天然孔流出带血分泌物,也有的病羊呈急性经过,病羊兴奋不安,行走摇摆,心悸亢进,脉搏增速,呼吸促迫,可视黏膜发绀,最后卧地不起,常于数小时内昏迷而死。

(2)预防措施　未发病时注意搞好羊场的卫生防疫,保护好饲草、饲料、饮水不受污染。每年春、秋季用Ⅱ号炭疽芽孢预防注射,用量为1毫升/只皮下注射,平时用10%的氢氧化钠溶液或20%的漂白粉消毒;遇有疑似炭疽尸体,严禁解剖,必须焚烧或深埋;一旦发生炭疽疫情,应立即诊断上报,并封锁隔离,加强消毒,做好检疫和紧急预防接种。

(3)治疗　①在病的早期用抗炭疽血清,50~100毫升/只肌内注射可获得良好效果。②用青霉素或土霉素4 000~8 000国际单位/千克体重肌内注射,每日两次,也有好的疗效。③磺胺类药物对炭疽有效,但以磺胺嘧啶为最好。初次剂量按0.2克/千克体重,以后减半,每日1次,肌内注射或口服。

口蹄疫

口蹄疫(FMD)是由口蹄疫病毒(FMD)引起的偶蹄兽的一种多呈急性、热性、高度接触性感染的传染病。

(1)病因及症状　患病动物的口、舌、唇、鼻、蹄、乳房等部位发生水泡,破溃形成烂斑。口蹄疫病毒具有多型性,有 A、O、C 等 7 个主型,各型之间抗原不同,没有交互免疫作用。本病主要经消化道及呼吸道传染,流行时传染迅速,一般难以控制。潜伏期为 2 ~ 4 天,最长可达 7 天。绵羊口蹄疫潜伏期症状轻微,蹄部病变在第 5 天左右发生,以蹄部出现水泡为主,水泡仅有豆粒大小,病羊不愿行走运动。该病在羊群中扩散缓慢,拖延时间较长。患畜全身症状为发热、沉郁、厌食或废食。产羔期多发生流产。羔羊由于心肌损害而全身症状明显,恶化后死亡。山羊口蹄疫多呈良性经过,病程 10 ~ 14 天,但有时发病率较高,病情呈恶性经过,与绵羊相反,少有蹄部损害,但整个口腔黏膜(舌除外)上出现蚕豆大水泡,水泡皮薄,迅即破裂,多见的是水泡破裂后形成的鲜红色烂斑。这是山羊口蹄疫的典型症状,称为糜烂性口炎。全身症状轻微,总伴有鼻炎。头部被毛耸立,看似头变大,故称大头病。蹄部湿度增高,孕期可能发生流产,产羔泌乳期也可见乳头上有小水泡,羔羊和奶山羊损害较严重。

(2)防控措施　①无病区不要从有病地区购进动物及其产品、饲料、生物制品等。②在购进羊只时一定要隔离后再入大群。③控制好饲养场的环境卫生,粪便应堆积发酵处理,场地应经常消毒。④对轻症病羊,为防止继发感染,应及时治疗。口腔病变可用冰硼散撒布;蹄部病变可将患处用 2% 来苏儿浸泡,然后涂磺胺软膏或碘甘油,绷带包扎;乳房病变可用肥皂水浸泡,然后涂氧化锌鱼肝油软膏。严重患羊,除局部治疗外,可用安钠咖、葡萄糖等治疗。⑤定期进行预防注射口蹄疫疫苗,在母羊妊娠中后期接种应慎重。口蹄疫疫苗注射后的注射器及疫苗瓶应煮沸消毒。

羊布氏杆菌病

羊布氏杆菌病是由布氏杆菌引起的人畜共患的慢性传染病。主要是使母羊发生流产。

(1)病因及症状　病羊一般无反应,初产羊多在妊娠 3 ~ 4 个月时流产;或羊只间歇跛行;公羊睾丸发炎、肿大、上缩,精索粗硬,拱背,消瘦,丧失配种功能。

布氏杆菌分 3 型,可单独感染也可相互感染。病羊及带菌羊可不定期从乳汁、精液、粪、尿排菌,特别是流产的胎儿、胎盘、羊水、子宫和阴道分泌物可大量排菌,感染给牧工、饲养员、兽医。动物可经皮肤、眼结膜、呼吸道、消化道等多种途径感染。

布氏杆菌是一种微小球杆菌,对外界抵抗力低,对湿热特别敏感,因此,可用 1% ~3% 石炭酸溶液、来苏儿溶液消毒,体内消毒可用 1210 液按 1∶3 000 比例稀释饮水或百毒杀 1∶4 000 比例稀释可杀死布氏杆菌。

(2)治疗 ①庆大霉素、卡那霉素静脉注射。②环丙沙星或恩诺沙星,5 克/千克体重,肌内注射,每日 2 次,连用 3 天。③料中加入维生素 C 粉、清瘟败毒散连吃 5 ~7 天。

(3)防控措施 ①用试管凝集反应或平板凝集反应进行羊群检疫,呈阳性反应者,应及时淘汰。②流产的羔羊、胎衣等分泌物应深埋或火化。③做好羊场的消毒、防疫工作,使饲料、饮水、用具不被污染,对环境场地用喷雾消毒方法杀灭布氏杆菌。夏季饮用季铵盐类消毒药,灭杀经消化道进入体内的病菌。④检疫为阴性的羔羊,可用羊型 5 号弱毒苗接种,无此病的羊群连续接种两次。使用菌苗时,按说明剂量用生理盐水稀释,在羊的股内侧或尾根处皮下注射 1.0 毫升(含菌体 10 亿个)即可。

破伤风

破伤风是由破伤风梭菌引起的人畜共患急性创伤性传染病。病羊全身骨骼肌持续性痉挛收缩,对外界刺激的反射兴奋性增强。

(1)病因及症状 主要传染途径是创伤,即在伤口小而深,创内发生坏死或伤口被泥土、粪便、痂皮封盖,或组织损伤严重、有异物,并在与需氧菌混合感染的情况下,破伤风梭菌才可繁殖,产生毒素而发病。羊只多是由剪毛、去势、断脐、分娩及外伤等没消毒或消毒不严而感染此病。潜伏期不一致,常表现不能自由卧下或站立,精神呆滞,身体僵硬,四肢强直,运动困难,角弓反张,牙关紧闭,流涎吐沫,最后因高度呼吸困难而死亡。

（2）防控措施　①尽早发现伤口,并进行预防感染的处理。首先清除外伤处的脓汁、异物、坏死组织、痂皮等,用20%高锰酸钾或3%双氧水溶液,5%～10%碘酊消毒创面,结合用青霉素、链霉素在创面周围注射。其次用破伤风抗毒素,10 000国际单位/次,每日1次肌内注射,连用2～3天。再次用25%硫酸锰注射液10～15毫升,缓慢静脉注射;或用盐酸氯丙嗪30～50毫克,肌内注射,每日1～2次。出现酸中毒症状时,可用5%碳酸氢钠100～300毫升静脉注射。②加强护理,将病羊置于光线较暗且安静的地方。③预防本病,首先应防止羊发生外伤,在剪毛、断脐、分娩、手术时要严格消毒。对易发地区每年用破伤风类毒素接种,皮下注射0.5毫升,免疫期为1年。④预防羔羊发生本病,可在母羊分娩前两个月,对妊娠母羊皮下注射破伤风类毒素0.5毫升。

羊大肠杆菌病

（1）病因及症状　羊大肠杆菌病是由致病性的大肠杆菌所引起的一种幼羔急性致死性传染病。多发于数日至6周龄的羔羊,分为败血型和肠型两种。

①败血型:主要发生于2～6月龄的羔羊,病初体温升高达41.5～42℃,病羔精神委顿,四肢僵硬,运步失调,头常弯向一侧,视力障碍,随之卧地、磨牙、头向后仰、一肢或数肢作划水动作。病羔口吐白沫,鼻流黏液,有些关节肿胀、疼痛,最后昏迷。由于发生肺炎而呼吸加快,很少或无腹泻。多于发病后4～12小时死亡。从内脏分离到致病性大肠杆菌。剖检病变可见胸、腹腔和心包大量积液,内有纤维素;某些关节,尤其是肘和腕关节肿大,滑液浑浊,内含纤维性脓性絮片;脑膜充血,有很多小出血点,大脑沟常含有多量脓性渗出物。

②肠型:主要发生于7日龄以内的羔羊,病初体温升高至40.5～41℃,不久即下痢,体温降至正常或略高于正常。粪便先呈半液状,由黄色变为灰色,以后粪呈液状,含气泡,有时混有血液和

黏液。病羊腹痛、拱背、委顿、虚弱、卧地,如不及时救治,可经 24～36 小时死亡,病死率 15%～75%。有时可见化脓性—纤维性关节炎。从肠道各部可分离到致病性大肠杆菌。剖检尸体严重脱水,真胃、小肠和大肠内容物呈黄灰色半液状,黏膜充血,肠系膜淋巴结肿胀发红。有的肺初期呈炎症病变。

(2)防控措施 ①平时加强饲养管理,搞好环境卫生。污染的环境、用具用 5% 百毒杀消毒。②易发病地区用羊大肠杆菌病菌苗对 3 月龄以上的羔羊预防注射,每只羊 2 毫升,免疫期 5 个月。③用敌菌净、磺胺甲氧嗪 1:5 混合制剂,2.5 毫克/千克体重,内服,每日两次,有良好的疗效。④可用安钠咖、葡萄糖等药物进行对症治疗。

羊巴氏杆菌病

羊巴氏杆菌病是由多杀性巴氏杆菌引起的患病羊发生的纤维素性肺炎,内脏器官发生出血性炎症。

(1)病因及症状 本病多发于羔羊及幼龄羊,种羊成年羊也有发病的。慢性病羊表现为不吃草,体温升高,流鼻涕,发出干性、短而无力的咳嗽,有的拉稀、消瘦、跛行。剖检见肺门淋巴结严重肿大,肺淤血,气管、支气管内有白色泡沫及黏液,胸腔内有渗出液,肠黏膜有出血点。

(2)防控措施 ①对病羊污染的场舍、用具用 2% 氢氧化钠彻底消毒,尸体深埋。②病羊采用青霉素 40 万～160 万国际单位,链霉素 25 万～100 万国际单位,地塞米松磷酸钠注射液 5～15 毫克,混合后肌内注射,重症的每日上、下午各 1 次,轻的每日 1 次,连续用药 3～7 天。③平时加强羊群饲养管理,保持圈舍干燥卫生。

羊 痘

羊痘是由痘病毒引起的一种急性、热性、接触性传染病。其特性是皮肤和某些部位的黏膜发生痘疹。

(1)病因及症状 本病流行广,绵羊、山羊均可发生,以春季流行较多,传染快。主要经呼吸道传染,也可经消化道及皮肤接触感染。病愈羊终生免疫。潜伏期 5～7 天。初期病羊体温升高到 40.5～41.9℃,结膜潮红、肿胀,有脓性分泌物。鼻腔分泌物黏性,呼吸脉搏增速,1～2 天后出现痘疱,易继发巴氏杆菌病。无继发感染的,最终变为棕黑色痂块,1 周左右可恢复,也有的以死亡而告终。

(2)防控措施　①每年春、秋两季定期注射羊痘疫苗,每只羊皮下注射 5 毫升。②对病羊群严格封锁、隔离。病死羊消毒后深埋。对健康羊群、羊舍、用具以 0.2%～0.5%搏灭特和 0.2%菌毒光交替使用喷洒消毒,每日 1 次。③对患病初期羊,采用康复羊血清,每只羊 20～30 毫升,肌内注射,同时,结合使用病毒唑 20 毫升/(只·次),肌内注射,疗效更佳。④可外用 0.1%高锰酸钾水冲洗黏膜病灶后,再涂以紫药水。

羊传染性脓疱

羊传染性脓疱俗称"羊口疮",是绵羊和山羊的一种由病毒所致的传染病,在羔羊多为群发。

(1)病因及症状　本病的特征为口唇等处皮肤和黏膜形成丘疹、脓疱、溃疡和结成疣状厚痂。有资料报道,山羊传染性脓疱疹可继发坏死杆菌病。剖检见口黏膜溃烂,舌根肿胀,舌下及两侧有指甲大小溃疡,有的在脐部的腹膜呈纤维素性腹膜炎,有的脐坏死,肝肿大,呈土黄色,在肝上有脓肿。本病哺乳羔羊最易感染,多发于秋季,主要通过皮肤、黏膜的损伤而侵入羊体。

(2)防控措施　①平时保护黏膜、皮肤勿使发生损伤,喂给幼羔的饲料、饲草及用的垫草应尽量拣出芒刺。加喂食盐适量,以减少啃土啃墙,保护皮肤黏膜不使发生损伤。②不从疫区引进羊只和购买羊的产品,必须引进时应隔离检疫 2～3 周,进行详细检查。同时将蹄部彻底清洗和进行多次消毒。③用 2%火碱水或用 0.1%强力消毒灵对羊舍、用具消毒。④病羊可用 0.1%高锰酸钾水冲洗口腔,再用 2%紫药水或碘甘油涂擦创面。每日 1～2 次,较大创面可撒布复方新诺明粉,每日 1～2 次;内服病毒灵,每只每次 0.7～1克,每日 2 次,连用 3 天;较重的羊只可肌内注射病毒唑注射液

(0.3～0.5 克/次)和地塞米松注射液(8～10 毫克/次),体温升高者可加用青霉素、链霉素,每日 2 次,连用 3 天。

羊传染性角结膜炎

羊传染性角结膜炎,又称红眼病,是羊常见的一种急性传染病。

(1)病因及症状 损害局限于眼部,其特征为眼结膜和角膜发生明显的炎性变化,伴有大量的流泪,随后角膜浑浊或呈乳白色。

(2)防控措施 ①发现病畜,立即隔离,尽早治疗。②彻底清除厩肥后,消毒羊舍。③用 2%～4%硼酸水洗眼,擦干后,用红霉素、四环素或 2%可的松眼药膏涂于眼结膜囊内,每日 1～2 次。④角膜浑浊或有角膜翳时,可涂 1%～2%黄降汞软膏。

山羊传染性胸膜肺炎

山羊传染性胸膜肺炎是由丝状霉形体引起的山羊特有的接触性传染病。

(1)病因及症状 临床特征为高热、咳嗽、纤维蛋白渗出性肺炎和胸膜肺炎。本病仅见于山羊,尤以 3 岁以下的奶山羊最易感染,主要见于冬春季节,寒冷潮湿、羊群密集、营养不良等因素可促使本病流行。本病主要经空气、飞沫通过呼吸道传染。潜伏期平均18～24 天,急性病例病羊高热,精神沉郁,食欲废绝,呼吸困难,湿咳,初期流出浆液性鼻汁,几天后变为黏液脓性或铁锈色。鼻汁常附在鼻孔周围,继而出现胸膜炎变化,指按压胸壁表现敏感疼痛。听诊出现湿性Ⅰ啰音、支气管呼吸音和摩擦音,叩诊出现浊音区。有的病羊发生眼睑肿胀,流泪或有黏液性眼眵。孕羊常发生流产。病羊多在 7～10 天死亡,濒死体温降至常温以下。慢性病羊症状不明显,仅表现瘦弱,间有咳嗽或腹泻等。对病死羊剖检多见一侧纤维素性肺炎,胸膜增厚、粗糙乃至黏连,胸腔内积有少量含有纤维蛋白质凝块液体。应注意与山羊巴氏杆菌病鉴别。

(2)防控措施 ①加强饲养管理,逐渐变山羊的舍饲为半舍饲半放牧。②新引进羊只必须隔离检疫 1 个月以上,确认健康后方可混入羊群。③每年定期预防注射羊传染性胸膜肺炎氢氧化铝菌苗,6月龄以下每只注射3毫升,6月龄以上注射5毫升,注射后14日可得免疫力,免疫期为1年。④对病羊用新胂凡纳明,5月龄以下的羊0.1~0.15克,5月龄以上的羊0.2~0.4克,溶于生理盐水中,静脉注射。⑤用磺胺嘧啶钠,0.2~0.4克/千克体重,配成4%的溶液,皮下注射,每日1次;松节油0.4~0.6毫升/只,静脉注射。⑥发生疫情后,立即封锁病羊群。逐头检查,将病羊、可疑羊、假定健康羊分群隔离、治疗,健康羊群可进行紧急接种。对被污染的羊舍、场地、用具和病羊的尸体、粪便等应进行彻底消毒。

羔羊腹泻

羔羊腹泻是山区牧场初生羔羊的高发疾病。

(1)病因及症状　病因复杂。母羊体质较差、缺乳、圈舍卫生不良、病原菌感染、气候多变、微量元素缺乏、管理不当等均成病因。

(2)防控措施

①环境控制:调整配种时间,选好季节产羔。保证产房里的温度适宜。产前对圈内、墙壁、地面消毒,干后铺垫草。断脐时脐部须用5%碘酊消毒,且母羊乳房用0.1%高锰酸钾水擦洗。

②营养保健:保证怀孕后期母羊的优质饲草、饲料供应,保证羔羊及时吃上初乳。羔羊初生第一天肌内注射含硒维生素C注射液2毫升,口服含乳酸菌制剂的微生态制剂适量;第三天注射右旋糖苷铁制剂1毫升。羔羊出生后1周,逐步供给少量含苜蓿粉或优质干草60%、豆粕10%、玉米20%、干酵母0.5%、添加剂2%的羔羊补充料。配备专用的羔羊补饲槽,少喂勤添。

③免疫接种:母羊于配种前注射羊厌气菌四防菌苗,每只5毫升。怀孕母羊于产羔前3周肌内注射羔羊大肠杆菌K99.F41二价菌苗,每只3毫升。

④药物防控:①预防。羔羊出生后第三天用恩诺沙星或环丙

沙星灌服,每只 1 ~ 2 毫升(5 克溶于 500 毫升水中);附子理中汤(健脾、温中)2 毫升;链霉素每只 5 万国际单位。上述药物任选 1 种,每日 1 次,连用 3 天。②治疗原则。抗菌、补液、止泻、助消化、防止酸中毒及继发肺炎。青霉素 80 万国际单位、5% 葡萄糖生理盐水 40 毫升、10% 维生素 C 10 毫升,一次静脉注射。复方敌菌净,30 毫克/千克体重,首次加倍。大黄苏打片,每只半片,每日 2 次。口服补液盐(含维生素 C)每 100 克加水 4 千克,每只羔羊灌服50 ~ 100 毫升。诺氟沙星(氟哌酸)片,每只 1 ~ 2 片。

3. 羊的主要寄生虫病

羊鼻蝇蛆病

本病是由羊鼻蝇幼虫寄生于羊的鼻腔引起的。

(1)病因及症状　一般 7 月份多发,病初由鼻孔流出大量浆液性鼻汁,逐渐呈黏稠、脓样,甚至混有血液。羊只呼吸短促,好打喷嚏或摩擦鼻端。

(2)治疗措施　敌百虫溶液,0.1 克/千克体重,溶于水中一次内服。敌百虫酒精溶液,成羊用敌百虫 3.4 克,溶于 65℃酒精 5 毫升中,一次肌内注射。二碘水杨酸酰基丙胺每颗内含 300 毫克的丸剂,体重在 30 ~ 40 千克的羊服 1 丸,同时可驱除肝片吸虫。

羊疥癣病

羊疥癣又称羊螨病和羊癞,是由螨侵袭绵羊皮肤引起发痒的一种疾病。

(1)病因及症状　本病主要是接触感染,一般感染后 3 ~ 6 周发病。在秋冬及剪毛前后多发,感染后羊只痛痒不安,啃咬患处,羊毛呈束状下垂。患部皮肤渗出液增多,皮肤表面湿润,最后形成浅黄色脂肪样痂皮,龟裂,羊毛脱落,羊只出现呼吸短促,好打喷嚏或摩擦鼻端。

(2)治疗措施

①局部治疗:0.5% 敌百虫溶液,或 1% ~ 2% 溶液涂擦。杀虫

胝配成 0.1% ~ 0.2% 水溶液涂擦。新星癣特灵涂抹,2 日 1 次。灭疥灵药膏涂于患处,间隔 3 ~ 5 天涂药 1 次。

②药浴疗法:利用药浴池、锅或木槽给羊全身洗浴。所用药物有辛硫磷(0.25% ~ 0.05%),或林丹乳油(0.025%),或单甲脒杀螨脒(药液和水 1:500 配制),倍特(即 5% 溴氰菊酯水剂,$50 \times 106 ~ 80 \times 106$)。

4. 羊体内寄生虫病的防控

羊体内寄生虫病有捻转胃虫病、结节虫病、杆线虫病、毛圆线虫病、肝片吸虫病、绦虫病、肺丝病、多头蚴病等,对于体内寄生虫病一般可在每年春、秋两次应用复合药物驱虫,一次可驱除多种寄生虫。驱虫的药物有如下几种:

(1)敌百虫与硫双二氯酚(别丁)复合驱虫　羔羊每千克体重 70 毫克,育成羊 80 毫克,成年羊 100 毫克,每只羊最高量为两种药物都不能超过 4 克。

(2)吡喹酮　口服,60 毫克/千克体重,最高量为 80 毫克/千克体重。肌内注射,50 毫克/千克体重,最高量为 60 毫克/千克体重。

(3)咪唑类药物　左咪唑为 8 毫克/千克体重口服,或 5 毫克/千克体重肌内注射;康苯咪唑 20 ~ 40 毫克/千克体重口服;丙硫苯咪唑 5 毫克/千克体重口服。

(4)其他　①虫克星 0.1 毫克/千克体重口服。②吡喹酮和敌百虫合用 80 毫克/千克体重。③双酰胺氧醚,100 毫克/千克体重。④灵脱(德国进口),5 ~ 8 毫克/千克体重。⑤硫溴酚,50 ~ 60 毫克/千克体重。⑥左旋咪唑,7.5 毫克/千克体重,配制成 1% ~ 5% 水溶液口服。⑦虫克星菌素和灭虫丁。

5. 羊的临床常发病

羊瘤胃积食

(1)病因及症状　当羊突然采食大量的半干不湿的地瓜秧、豆秸等而又缺乏饮水时,容易导致羊瘤胃积食,致使瘤胃体积增大、胃壁扩张和前胃机能紊乱。舍饲羊易发生本病,老龄体弱的羊只最为多见。

（2）防控措施　①用液体石蜡 100～150 毫升,硫酸镁 50 克,口服;补液盐 100 克,加水 1 000 毫升,灌服。②用 10% 的氯化钠溶液 100～150 毫升,静脉注射,同时肌内注射新斯的明 2～3 毫升。③严重者,手术切开瘤胃,取出瘤胃内容物。

羊胃肠炎

胃肠炎是胃肠黏膜及其深层组织的出血性或坏死性炎症。

（1）病因及症状　临床是以消化不良、下痢、体温升高为特征,是羊常见的危害较严重的一种疾病。对因饲喂不当而引起的胃肠炎,应防止继发细菌性感染;对传染性胃肠炎,应针对病原体采用抗菌消炎疗法。

（2）防控措施　①合霉素 0.5 克,一次内服,每日 3～4 次。②黄连素 1～2 克,内服,每日 3 次。③复方氯化钠注射液 500 毫升、糖盐水 300～500 毫升、10% 安钠咖 5～10 毫升、维生素 C 100 毫克,混合静脉注射。

羊肺炎

（1）病因及症状　羊肺炎多因寒冷或吸入异物及刺激性气体而引起。3～4 月龄的山羊较易发病。病羊表现为精神迟钝,体温升高 1.5～2℃,呼吸急迫,鼻孔张大,咳嗽,鼻孔流出灰白色黏液性或脓性鼻液,死亡后解剖可见心尖右侧向内凹陷。此病多发生于初春和寒冷的冬季。

（2）防控措施　①青霉素 80 万～120 万国际单位,链霉素 100 万国际单位,肌内注射,每日 2～3 次。②10% 磺胺嘧啶钠 20～30 毫升,肌内注射,每日 2 次,连用 3～5 天。

热射病

热射病是羊受阳光照射时间长,刺激中枢神经系统而发病。

（1）病因及症状　热射病是在炎热天气,羊数较多,互相拥挤的情况下引起生理机能障碍而发病。病羊表现步行蹒跚,垂耳,闭目,意识不清,发热,黏膜呈紫红色,呼吸急促,严重的突然倒地,口吐白沫,全身出汗,呈半昏迷状态。

(2)防控措施　发病后病情较快,发现病羊后应立即移到通风良好阴凉的地方,用凉水浇洗头部或灌肠。也可静脉放血 80～100 毫升,放血后进行补液(葡萄糖生理盐水 300～500 毫升,加 10% 安钠咖 4 毫升,静脉注射)。同时加强羊群管理,炎热天午间不放牧,在阴凉通风处休息。

流　产

(1)病因及症状　流产是由于胎儿或母体的生理过程发生紊乱,或它们之间的正常关系受到损坏,而使怀孕中断。波尔山羊怀孕早期较多见,发病率可高达 5%。患慢性子宫内膜炎的羊在怀孕阶段如果炎症发展起来,则胎盘势必受到侵害,胎儿死亡。与怀孕有关的雌激素发生紊乱或孕酮分泌不足,子宫即不能适应胚胎发育的需要,发生胎儿早期死亡,腹壁的碰伤和抵抗以及出入羊舍时拥挤,均可使胎儿受到压迫和震荡而引起死亡。患布鲁杆菌病也能引起流产、不育和各种组织的局部病灶。流产表现的症状主要有胚胎消失、产出不足胎儿、产出死胎或死胎停滞。

(2)防控措施　加强预防是防治流产的关键。对有流产先兆的母羊,为维持怀孕,可选用白术安胎散。若子宫颈开放,胎膜已破,可让其自然排出胎儿。胎儿排出发生障碍时要进行人工助产,死胎排出后及时处理子宫,内服清宫补益散(西北农大兽医院研制)或加味生化汤。

难　产

分娩活动是产力、产道及胎儿三者之间相互适应而得到统一的过程。在此过程中,任何一个因素出现异常均可使分娩停滞,造成难产。难产在临床上常见有以下几种:

(1)羊双胎难产　羊双胎难产是双胎同时进入骨盆,以致不能通过产道而造成难产。此时常伴有胎势和胎位的各种异常。助产的原则是推回一个胎儿,再拉出另一个胎儿,然后再将推回的胎儿拉出。

（2）前肢姿势异常性难产与助产　常见的前肢姿势异常主要是腕部前置及肩部前置。助产时，在胎儿头上绑上产科套，将胎儿推入子宫。用手握住掌部上端向前向上推，然后沿掌部迅速下移，握住蹄子，将前肢拉直，或先用手尽量将屈曲的前肢推入子宫，使肩关节弯曲，然后给头及正常肢拴上产科绳，拉出胎儿。

（3）头颈侧弯难产与助产　头颈侧弯是指胎儿的两前肢伸入产道，而头弯于躯干侧，没有伸直，因此不能产出。助产时，一手持胎儿前肢推向子宫，另一手将胎头拉正，或用绳子拴住胎儿的两前肢，然后将母羊的后肢提起，借胎儿的重量及手推，使胎儿退回子宫，待侧弯纠正后再拉出。

（4）胎头后仰难产与助产　胎头后仰是指胎儿头颈向上向后仰至背部。产道检查时，发现骨盆内有两前肢，而胎儿的下颌仰向上方。助产时，使母羊站立，并将后部抬高，或将后肢提起，然后一手握住胎儿前肢向子宫内推，另一手拉正后仰的头部，待胎位纠正后再行拉出。

（5）胎头下弯难产与助产　胎头下弯是指胎儿的头部向下弯，同时伴有前肢腕部前置。助产时，用手的四指钩住胎儿下颌的下面，拇指按住鼻梁，先将头向上抬并向前推，即可将胎儿头部拉入骨盆内，或用手握住下颌，将头向上提，并向后拉，即可将头拉入骨盆入口。

（6）后肢姿势异常性难产与助产　后肢姿势异常主要有跗部前置和坐骨前置。助产时，若为一侧或两侧性跗部前置胎位，可不加矫正，强行将胎儿拉出。若为一侧坐骨前置，不加矫正，拉另一后肢，拉时应轮流向左向右拉，易于拉出；若为两侧坐骨前置，则由两后肢之间伸入两个钝钩，钩住膝皱襞，将胎儿拉出。

对于难产，也可用剖宫产手术解决。大致过程如下：①手术准备：保定、消毒、麻醉与剖腹术相同。切口在左右髋结节下角与脐部之间的假想线上。②术式：第一步，切开腹壁。羊的切口为15～20厘米，开腹后由助手用大纱布覆盖并压迫创口两侧，防止肠脱出。第二步,拉出子宫。以一手或两手伸入腹腔确定孕角,然后隔着子宫壁握住胎儿屈曲的两前肢腕部,或两后肢跗部,将子宫及胎儿缓慢地拉向创口,使之突出于创口外 5~6 厘米。由助手用大纱布块将子宫与腹腔隔离,或者在一块薄塑料布的中央做一口,将口边缘缝在子宫切开线的周围,可防止切开子宫时胎水流入腹腔。第三步,切开子宫。沿子宫大弯切开,切口长 10~15 厘米,切开时避开胎盘。第四步,拉出胎儿。由助手固定子宫切口两侧,术者扯破胎膜,排出胎水,并用手握头及前肢拉出胎儿,扯断脐带,交助手处理。第五步,剥离胎衣。在拉出胎儿的同时,肌内注射垂体后叶素,取出胎儿后,剥掉胎衣。第六步,缝合子宫。用温生理盐水洗净子宫壁及切口,然后缝合子宫,先用肠线全层连续缝合封闭子宫切口,再用丝线将浆膜及肌层连续内翻缝合,然后用生理盐水洗净子宫壁后,还于腹腔原位。缝合前宜向子宫内放入金霉素胶囊 1~2 个。第七步,缝合腹壁。③术后护理。

胎衣不下

母羊分娩后,若 3~5 小时内胎衣仍未全部排出者称为胎衣不下。由于胎衣不下经常引起子宫内膜炎而导致不孕,给养羊业造成很大损失。

防控措施:①加强怀孕母羊的饲养管理,适当增加其运动量。②用垂体后叶素 5~10 国际单位,肌内注射,两小时后再重复注射一次;或用麦角新碱注射液 5~10 毫克,肌内注射。

6. **羔羊阶段常发疾病**

(1)初生羔羊假死 初生羔羊假死也叫窒息。有的羔羊出生后呼吸微弱或暂停,但心脏仍在跳动,羔羊呈现假死状态,原因是母羊妊娠期间营养不良,胎儿发育受阻。其直接原因是母体与胎儿之间气体交换发生障碍,如分娩时胎儿脱离母体胎盘后,胎儿从产道排出的时间过长,胎儿不能得到足够的氧气;或母体内二氧化碳聚积;或胎儿呼吸过早,吸入羊水等,都容易引起羔羊假死。

【症状】羔羊舌头垂出于口外,可视黏膜呈蓝紫色,鼻腔有黏液或羊水,不时地张口喘气。严重者全身松软,黏膜苍白,心脏虽有颤动,但特别微弱,甚至脉搏都摸不到,反射消失,恰似死羔一样。

【预防】加强母羊妊娠期饲养管理,保证营养,增加运动,冬季除暴风雪天外坚持放牧,增强体质,促进血液循环。分娩接产时讲求技术,尽量减少难产,缩短分娩时间。

【治疗】先用手撸去羔羊口腔、鼻孔中的黏液,提起两后肢,头朝下,用手轻拍两胸,轻摇身体,促进呼吸。将羔羊放在 41~42℃ 的温水盆中,头朝上防止呛水,两手反复使羔羊肢体屈伸,进行人工呼吸。急救时也有人用嘴将羊嘴内黏液吸出并突然向羊嘴内吹气,有些羊场曾用此法救活许多羔羊。

(2)脐带炎 脐带断裂时由于消毒不严,在潮湿不洁条件下被细菌感染发炎,农村叫烂肚脐子。

【症状】发病初期脐带断端肿胀、湿润,后化脓,有恶臭。触摸脐带根部周围有痛热感,脐孔周围有脓肿。轻症者精神沉郁,食欲减退,体温逐渐上升到 41~42℃;重症者呼吸急迫,脉搏加速,直到引发败血症导致死亡。

【预防】保持产房清洁卫生,在指定地点接产保羔。最好实施人工断脐,断脐同时用 3%~5% 碘酒涂抹脐带断端和脐带根部周围,严格消毒,防止感染。

【治疗】①采用对症疗法,把脐带根部周围的毛剪掉,涂 3%~5% 碘酒消毒。②对出现全身症状,发病较重的羔羊,除局部处置外,要肌内注射青霉素 20 万单位,并投服磺胺类药物治疗。

(3)胎粪停滞 初生羔羊未吃到初乳或初乳不足,造成胎粪停滞在肠道内。出生后 1~2 天仍不见胎粪排出,应考虑为本病。

【症状】精神不振,不愿吃奶,腹部膨大,尾根频频上举作排粪状又排不出来,时常鸣叫,摇尾不安,肛门周围无胎粪附着。重者伸头伸腿,直至倒地滚叫。

【预防】吃足初乳。

【治疗】用 37~39℃ 肥皂水,或 30%~40% 液状石蜡与温水混合,用胃管反复徐徐往直肠内注入。也可内服液状石蜡 5 毫升,或投服香油或豆油、蓖麻油等植物油 3~5 毫升,促进排泄,效果较好。

(4)羔羊消化不良　羔羊因吃精料过多或饲料质量不佳,羊舍卫生不好、阴冷潮湿,均能引起羔羊消化不良。

【症状】该病多发生在刚开始采食草料阶段。病初食欲减退,排稀便,甚至水泻,尾部被污染。

【预防】减少精饲料喂给量,投给优质饲草。饲喂定时定量,逐渐增加饲料量。给羔羊饮 0.1% 高锰酸钾水溶液,预防肠道感染。

【治疗】①口服鞣酸蛋白、胃蛋白酶、矽碳银等助消化药。②应用合霉素、磺胺类消炎药。

(5)羔羊感冒　因天气骤变寒冷,舍内外温差过大,或因羊舍防寒设备差,管理不当,受贼风侵袭,常引发羔羊感冒。

【症状】体温升高到 40~42℃,眼结膜潮红,羔羊精神委靡,不爱吃奶,流浆液性鼻汁,咳嗽,呼吸促迫。

【治疗】内服解热镇痛药,或注射安乃近等针剂。为预防继发肺炎,应注射青毒素等抗生素。

(6)羔羊痢疾　羔羊痢疾是初生羔羊的一种以持续性腹泻为特征的急性传染病,多发生在 7 日龄以内的羔羊,处理不当常可造成死亡。

【病因】主要是感染了产气荚膜杆菌(B 型魏氏梭菌)、大肠杆菌、肠球菌和沙门氏菌等而发病。发病诱因主要是母羊妊娠期营养不良,羔羊体质瘦弱,气候骤冷和羔羊饥饱不匀等。

【症状】主要危害 7 日龄以内的幼羔,尤以 2~3 日龄羔羊发病较多,常呈地方性流行。自然感染的潜伏期为 1~2 天。病初,羔羊精神萎靡,低头拱背,不吃奶,畏寒战栗,腹泻,喜卧,排出的粪便带恶臭,黏稠如糊状,也有的稀薄如水,颜色由棕黄、灰白到灰绿色,末期有血便。病羔明显虚弱、腹痛,四肢置于腹下卧地。也有的病羔腹胀不泻,仅排少量稀便,主要表现神经症状,四肢瘫软,呼吸急促,体温下降,结膜发绀,有血便。

【预防】加强对妊娠母羊的饲养管理,保证抓好秋膘,使胎儿发育良好,生产有抵抗力的壮羔;秋末及时起圈,保持圈舍卫生;清理母羊乳房周围的污毛,保证母羊乳房清洁;保持圈舍干燥,通风透光,舍内外温差小。在常发病地区,应给母羊注射免疫疫苗两次,第一次在产羔前 20 天,皮下注射羔羊痢疾氢氧化铝菌苗 2 毫升,第二次在产前 10 天,注射 3 毫升。

【治疗】①羔羊生后 12 小时内灌服土霉素 0.15~0.20 克,每天 1 次,连服 3 天。也可内服氯霉素或金霉素,每次 0.15~0.20克,每天 1 次,连服 3 天。③磺胺脒 0.5 克、鞣酸蛋白 0.2 克、次硝酸铋 0.2 克、重碳酸钠 0.2 克,加水灌服,每日两次。③先灌服 5%福尔马林和 6% 硫酸镁溶液 30~60 毫升,6~8 小时后再灌服0.1% 高锰酸钾溶液 10~20 毫升,每日两次。④对心脏衰弱或脱水严重者,采用对症疗法。

(7)羔羊食毛症

【病因】羔羊因母乳不足,吃不饱,投喂的饲料单一,缺乏蛋白质、维生素和某些无机盐及微量元素,致羔羊产生异嗜,羔羊在吮乳时遇到乳房周围带有咸味的污毛等就吞食,时间长了,吞食污毛等积存在胃内,会形成大小不等的毛球。

【症状】羔羊患本病表现有异嗜,吞食污毛。引起消化不良、便秘、腹痛等症状,羔羊逐渐瘦弱并伴有轻度贫血。本病在哺乳期症状不明显,死亡率不高。当进入秋季雨期,症状逐渐加重,迅速消瘦、缩腹,贫血加重,引起死亡。

【预防】加强母羊饲养管理,保证母乳充足,尽量给羔羊早开饲,直接给羔羊充足的草料,使其直接从饲草饲料中摄取充足的营养。改进母子羊管理,实行定时哺乳或早期离乳,尽量减少母子羊合群时间,减少羔羊吸吮母羊污毛污物的机会。搞好圈舍卫生,清除污毛污物,减少羔羊叼啃污毛污物的机会。直接给羔羊补喂钙、磷饲料。

【治疗】严重者实行胃部手术,取出异物。

参考文献

[1]普志平,等．优质肉羊生产指南[M]．郑州:河南科学技术出版社,2003.

[2]徐泽君．怎样养羊[M]．郑州:河南科学技术出版社,1999.

[3]何永涛,等．羔羊培育技术[M]．北京:金盾出版社,2000.

[4]蒋英．羔羊肉生产[M]．北京:中国农业出版社,1986.

[5]李英,等．肉羊快速肥育实用技术[M]．北京:中国农业出版社,1997.

[6]张居农,等．高效养羊综合配套新技术[M]．北京:中国农业出版社,2001.

[7]陈汝新．实用养羊学[M]．上海:上海科学技术出版社,1981.

[8]刘禄之．青贮饲料的调制与利用[M]．北京:金盾出版社,2000.

[9]蔡宝祥．家畜传染病学[M]．北京:中国农业出版社,1994.

[10]贾志海,刘海英．肉羊饲养员培训教材[M]．北京:金盾出版社,2009.